W0261598

Überseeischer Maschinenexport.

Ein Leitfaden
für Maschinenfabrikanten und Ingenieure,
die nach Übersee gehen.

Von

Hermann Scherbak
Ingenieur in Hamburg.

Springer-Verlag Berlin Heidelberg GmbH 1911

ISBN 978-3-662-39133-4   ISBN 978-3-662-40116-3 (eBook)
DOI 10.1007/978-3-662-40116-3

Universitäts-Buchdruckerei von Gustav Schade (Otto Francke)

Inhalts-Verzeichnis.

Literaturverzeichnis.

Annual Statement of the trade of the United Kingdom with foreign countries and Britisch possessions. London.

The foreign commerce and navigation of the United States. Washington.

Tableau général du commerce et de la navigation. Paris.

Monatliche Nachweise über den auswärtigen Handel Deutschlands. Berlin.

Statistik des Deutschen Reiches — Auswärtiger Handel. Berlin.

Finanzielles und wirtschaftliches Jahrbuch für Japan. Tokio.

The Japan financial and economical Monthly. Tokio.

Japanese Company returns. Tokio.

The Japan Jearbook. Tokio.

The Japan Directory. Yokohama.

The Japanese duty tariff. Tokio.

Verbreitung deutscher Maschinen im Auslande.

In Ostasien während mehrerer Jahre als Leiter der technischen Abteilung eines Importhauses tätig, machte ich die Beobachtung, daß selbst kleinere englische und amerikanische Maschinenfabriken allgemein bekannt, dagegen viele von den mittleren und großen deutschen Werken wenig oder gar nicht eingeführt sind. Andererseits konnte ich mich mehrfach davon überzeugen, daß die deutschen Fabriken in noch sehr vielen Spezialitäten den Markt für sich gewinnen könnten, wenn sie den Export sachkundiger betreiben würden. Dieses Buch soll nun allen Maschinenfabriken, die ihr Geschäft auf den Weltmarkt ausdehnen wollen, mit einer Anzahl in der Praxis gewonnener Erfahrungen und Winke an die Hand gehen. Es wird jedoch auch jedem Ingenieur, der nach Übersee zu gehen gedenkt, viel Wissenswertes bieten, hauptsächlich indem es ihm ein Bild gibt, wie drüben in Wirklichkeit gearbeitet wird. Auch Ingenieure, die in den heimischen Werken die Ausarbeitung von Offerten für den Export besorgen, werden in dem Folgenden sehen, warum die Offerten und Lieferungen für Übersee öfters sehr verschieden von den heimischen gehalten werden müssen.

Bedeutung des Übersee-Exportes für die Maschinenfabriken.

Die Bedeutung des Exportes für einen Maschinenfabrikanten, der eine brauchbare neue Maschinen-Type geschaffen hat, geht am besten aus einem einfachen Rechenexempel hervor. Wenn diese Maschine für den ganzen Weltmarkt in ca. 1500 Ausführungen gebraucht werden kann, der Maschinenfabrikant jedoch nur in Deutschland und Österreich zu arbeiten versteht und sich deshalb mit einem Absatze von 200 Maschinen begnügen muß, so kann er sich leicht ausrechnen, welchen Verlust er dadurch erleidet, daß er sich nicht die Wege zu den anderen Märkten verschafft hat.

Die folgenden Erläuterungen, die vor allem die Verschiedenheiten in der Behandlung des heimischen und des Exportmarktes zeigen, dürften deshalb für solche Fabrikanten von besonderem Interesse sein.

Export-Kataloge.

Der Beginn jeder Exportbestrebung für einen Maschinenfabrikanten liegt darin, daß er sich einen für den Export brauchbaren Katalog zusammenstellt. Dieser Katalog kann äußerlich klein und wenig umfangreich sein, soll jedoch auf bestem Papier und in gutem Druck hergestellt werden. Große, umfangreiche Prachtkataloge haben im allgemeinen nur geringen Mehrwert gegenüber praktisch abgefaßten kleinen Katalogen; dagegen sind die Anforderungen, welche an den Inhalt gestellt werden, viel höhere.

Die Angaben des Kataloges müssen so vollständig sein, daß der Ingenieur, der z. B. in China sitzt, ohne weiteres imstande sein soll, auf Grund des Kataloges seinem Kunden die betreffende Maschine zu erläutern und dafür einen Preis abzugeben. Für seine Kalkulation muß demnach der Katalog sagen, wie man die nötige Größe der Maschine unter den vorhandenen Typen wählt, d. h. welche Leistungsfähigkeit die verschiedenen Typen haben. Ferner wie groß das Gewicht und das Verschiffungsmaß der Maschine ist, damit die Fracht berechnet werden kann. Wenn der Maschinenfabrikant im Binnenlande ansässig ist, muß der Katalog Angaben über Fracht und Versicherung für die Maschine bis zu den in Frage kommenden Verschiffungshäfen bringen. Ebenso soll immer angegeben werden, wie die Verpackung zu kalkulieren ist. Handelt es sich um große Maschinen, die in Stücken transportiert werden müssen, so sind auch die Ausmaße und Gewichte der größten in Frage kommenden Stücke erwünscht. Der Katalog soll auch angeben, welche Reserveteile in Frage kommen, da jeder vorsichtige Kunde in Anbetracht der großen Entfernung solche Stücke gern gleich mit der Maschine bezieht.

Telegramm-Bezeichnungen.

Es ist von großem Vorteil, wenn im Kataloge für jede Maschine und für jeden wichtigen Teil ein Telegrammwort vorgesehen wird, so daß bei Bruch eine schnelle Nachbestellung erfolgen kann. Selbstverständlich sind diese Telegrammworte auch für die Bestellung von großer Wichtigkeit. Wenn dem Ingenieur drüben z. B. für Lokomobilen 3 Kataloge vorliegen, so wird er gewiß den Katalog, bzw. dasjenige Erzeugnis bevorzugen, über das er mit den geringsten Kosten telegraphisch nach Europa verhandeln kann. Wer bedenkt, daß ein Telegrammwort z. B. für Japan 5 M kostet, und daß man für eine einzige Anfrage nach einer kleinen Fabrikanlage ohne Abkürzung telegraphiert, unter Umständen 30 bis 50 Worte braucht, wird die große Bedeutung praktischer Telegrammbezeichnungen schätzen, mit denen man ganze Sätze oder mehrere Sätze zugleich mit einem einzigen Worte zum Ausdruck bringen kann. Den praktischsten Weg sehe ich darin, daß der Fabrikant in seinem Kataloge den von ihm benutzten Code nennt und unter Verwendung dieses Code und der von ihm für die Maschinen-Typen gewählten Telegrammworte oder Telegrammsilben einige Beispiele für Telegramme aufstellt.

Eine Grundregel ist: je leichter der Maschinenfabrikant es dem Übersee-Ingenieur macht, desto mehr wird sein Fabrikat bevorzugt werden. Auf eine wichtige Komplettierung für einen Katalog will ich deshalb noch besonders hinweisen, das ist die Anführung von Rentabilitätsberechnungen. Der Überseekunde weiß in den seltensten Fällen, was zurzeit die modernste Maschine seines Faches ist. Er will im allgemeinen eine gute Maschine mit einer bestimmten Leistungsfähigkeit, nach der er sich den Gewinn abschätzt, den er mit der Einrichtung erzielen kann. Es ist nun klar, daß der Übersee-Ingenieur seine Maschine damit am besten empfiehlt, wenn er dem Kunden vorrechnet, daß er mit dieser Maschine mehr verdienen kann als mit seinen alten Maschinen oder den Konkurrenzmaschinen. Eine Rentabilitätsberechnung nach hiesigen Verhältnissen, die sich der Ingenieur drüben nach den wirklich vorliegenden Verhältnissen umändert, ist dafür die beste Handhabe. Wieviel leichter verkauft sich z. B. eine Kältemaschine, wenn man dem Käufer sagen wird, daß er den Kaufpreis in zwei Jahren verdient haben kann, als wenn man dem Kunden bloß die großen technischen Vorzüge des Ammoniaksystems gegenüber dem Schwefligsäuresystem erläutert.

Zu bedenken ist, daß der Übersee-Ingenieuer vielfach nicht Spezialist sein kann, daß er sich häufig selbst erst über die betreffenden Spezialmaschinen informieren muß. Um so willkommener ist ihm ein Katalog, der ihm alles Wissenswerte bietet, Es empfehlen sich z. B. auch Angaben über die Nebeneinrichtungen, die die Aufstellung einer solchen Maschine erfordert, auch wenn der Fabrikant diese Einrichtungen selbst nicht liefert, und die Einfügung von Skizzen über die Aufstellung der Maschine und über die nötigen Fundamente. Dagegen erweist es sich zuweilen als ein zweischneidiges Schwert, in dem Kataloge die Konkurrenzerzeugnisse anzuführen und mit denselben Vergleiche anzustellen, da dadurch oft der Kunde auf das Konkurrenzmaterial erst aufmerksam wird.

Fremdsprachige Kataloge.

Wir kommen nun zur Sprachenfrage für die Abfassung der Kataloge. Der exportierende Fabrikant wird einsehen, daß, ebenso wie man in Deutschland mit einem spanischen Kataloge Maschinen nicht verkaufen kann, in einem ausschließlich Englisch sprechenden Lande deutsche Kataloge beinahe von keinem Nutzen sein können. Für England und englische Kolonien braucht man englische, für Frankreich und Niederlande mit ihren Kolonien französische und holländische Kataloge, für Spanien und Südamerika spanische und für Italien italienische Kataloge. Unzweifelhaft sind die englischen darunter die wichtigsten. Firmen, die in einem exotischen Gebiete bereits weit vorgedrungen sind, lassen sich natürlich Kataloge in der betreffenden Landessprache z. B. chinesisch oder japanisch drucken. Die Übersetzungen sollten möglichst von Angehörigen der fremden Nation gemacht werden, die die deutsche Sprache genügend beherrschen. Ein Katalog, der eine widersinnige fehlerhafte Übersetzung darstellt, macht die Firma lächerlich. Wichtig ist es, daß die Exportkataloge genau miteinander übereinstimmen, da es vorkommen kann, daß z. B. ein deutscher und ein englischer Katalog abwechselnd benützt werden. Wer mit Katalogmaterial sparen will, läßt sich für die erste allgemeine Agitation in den nötigen Sprachen einfache Prospekte machen.

Preisangaben in den Katalogen.

Eine Frage, die die verschiedenartigste Beurteilung findet, ist die, ob man die Kataloge mit Preisangabe versehen soll, und mit welchen Aufschlägen die Preise eingesetzt werden sollen. Ich empfehle, in den Katalogen Preise anzuführen und auf einer dem Kataloge beigelegten Liste die Rabattsätze dazu anzugeben. Ebenso wie bei uns ein Bauer gern in einem Stadtgeschäfte kauft, das die Preise an jedem Stück angebracht hat, so kauft der überseeische Kunde, der seine Unkenntnis durch größtes Mißtrauen auszugleichen sucht, gern aus einem mit Preisen versehenen Kataloge. Die Preise dem Kunden zu verheimlichen, hat keinen Zweck, weil diese Preise durch die Aufschläge für Versicherung, Fracht und Zoll usw. so stark verändert werden, daß der Katalogspreis allein dem Kunden die Kontrolle des Verkaufspreises nicht ermöglicht. Die Katalogpreise sollen mit mindestens 25 %, bei kleineren Maschinen mit bis zu 50 % Aufschlag kalkuliert sein. Dies erlaubt dem Übersee-Ingenieur eine gewisse Bewegungsfreiheit für den Verkaufspreis. Besonders wenn er durch einen Zwischenhändler verkauft, der selbst erst den Katalog seinem Kunden vorlegen muß, ist es nötig, daß der Katalog reichlich höhere Preise enthält. Die Befürchtungen manches Fabrikanten, daß ein hoher Katalogpreis den Überseekunden abschrecken könnte, ist so gut wie unbegründet. Zu bemerken ist, daß die Preise in der Währung der betreffenden Gebiete angesetzt sein sollen. Wer Exportkataloge ausgesandt hat, darf im Falle von Preiserhöhungen, d. h. Rabattermäßigungen nicht versäumen, allen, die seine Kataloge für den Verkauf in Händen haben, davon Nachricht zu geben. Im Gegensatz zu den mit Preisen ausgestatteten Katalogen, sind Kataloge, die sonst noch so reich ausgestattet sein mögen, für die jedoch dem Übersee-Ingenieur Preisangaben nicht gemacht sind, wertlose Bilderbücher.

Referenzenlisten.

Referenzen in einem Kataloge anzuführen, ist immer gut, speziell wenn man solche für Lieferungen nach dem Auslande hat. Üblich ist es schließlich, dem Kataloge die Verkaufsbedingungen und eine Liste der errichteten Agenturen beizufügen. Erstere sollen möglichst einfach und leicht verständlich gehalten sein und sich den Bedürfnissen des Exportes möglichst anpassen.

Neutrale Kataloge.

Der Ingenieur drüben hat ein natürliches Interesse daran, daß sein Kunde mit dem ihm überlassenen Kataloge nicht zur Konkurrenz läuft, um Gegenangebote zu bekommen. Aus diesem Grund sind ihm neutrale Kataloge erwünscht, die keinerlei Firmabezeichnung tragen. Praktisch ist es, das erste innere Blatt zu perforieren, so daß es leicht herausgenommen werden kann, und nur auf diesem Blatte die Firma des Fabrikanten und die Rabattsätze anzugeben. Der Vollständigkeit halber erwähne ich noch Kataloge, die dadurch zusammengestellt werden, daß für jede Maschinen-Type besondere vollständige Preisblätter gedruckt werden, die je nach Bedarf in einem Schnellhefter zusammengeheftet werden. Da die Kunden in der Mehrzahl der Fälle nur die eine oder andere Maschine benötigen, kann mit solchen Preisblättern viel an Drucksachenmaterial gespart werden.

Mustermaterial.

Eine wertvolle Ergänzung des Drucksachenmateriales bilden bei Arbeitsmaschinen kleine Zusammenstellungen von Mustern, an denen der Werdegang des erzeugten Materials zu sehen ist, z. B. für Zerkleinerungs- und Sortiermaschinen Muster der Produkte, wie diese die einzelnen Apparate verlassen. Wenn solche Muster zu kostspielig oder zu groß sein würden, genügen auch photographische dem Kataloge beigefügte Aufnahmen. Der Entwickelungsgang des Materials sagt dem Kunden oft mehr als die schönste Photographie. In vielen Fällen ist es nötig, jedem Kunden die Qualität des sich ergebenden Produktes durch Übergabe eines gestempelten oder versiegelten Musters zu garantieren. Wenn solche Muster gegen Hitze oder Feuchtigkeit empfindlich sind, soll man sie in Stanniol, Glas usw. so gut verpacken, daß sie auf dem Transporte weder leiden noch unansehnlich werden können. Sind die Muster leicht verderblich, z. B. in den Tropen nur wenige Monate haltbar, so muß man sie von Zeit zu Zeit erneut aussenden, damit der Verkäufer immer frische Muster zur Hand hat.

Kalkulation der Exportpreise.

Ein Gebiet, auf dem der Maschinenfabrikant große Unterschiede zwischen dem Heimgeschäft und dem Export zu machen hat, ist die Preiskalkulation. Das Exportgeschäft legt dem Maschinenfabrikanten viel geringere Ausgaben für Reklame, Patentschutz und persönliche Agitation auf als das Heimgeschäft. Um eine Fabrikanlage zu verkaufen, ist heute fast jeder deutsche Maschinenfabrikant bereit, einen Ingenieur auf seine Kosten mehrere Male von einem Ende Deutschlands nach dem andern zu entsenden, mehrere alternative Anschläge zu liefern, Aufnahmen zu machen, genaue Garantien zu erbringen und gegen mehrere Teilzahlungen zu liefern. Für den Export braucht der Maschinenfabrikant im allgemeinen nur eine Vorofferte, und wenn das Geschäft zum Abschluß kommt, einen genauen Anschlag auszuarbeiten. Wenn einmal eine Besprechung zwischen dem Exporteur und dem Fabrikanten notwendig wird, dann handelt es sich für die Fabrik meist nur um eine Preis- und Lieferzeit-Regulierung, nicht aber darum, gegen eine Unmenge von Konkurrenzofferten bis in jede Kleinigkeit anzukämpfen, wie das für das Inlandsgeschäft üblich geworden ist. Da auch die Zahlungsweise der Exporteure entgegenkommend ist, ist es ganz natürlich, daß der Maschinenfabrikant für den Export seine allerbilligsten Preise macht. Um zu vermeiden, daß Maschinen zu dem billigen Exportpreis gekauft und dann für das Inland weiterverkauft werden. — die Differenz zwischen Inland- und Exportpreis verlockt zuweilen hierzu —, lassen sich manche Fabrikanten von der den Exportrabatt beanspruchenden Firma einen entsprechenden Revers unterschreiben.

Vorschrift von Minimalverkaufspreisen.

Der billige Verkaufspreis für den Export macht unter Umständen erforderlich, den Exporteuren die Maschinen nur unter der Bedingung zu verkaufen, daß sie sich an gewisse minimale Verkaufspreise binden oder mit dem Rabatt, den sie ihrerseits dem Kunden gewähren, nur bis zu einer gewissen Höhe gehen. Diese Vorsicht, dem Exporteur einen bestimmten

Minimal-Nutzen an dem Geschäfte vorzuschreiben, hat viel für sich. Es kann vorkommen, daß an einem Überseeplatze mehrere Firmen dem Kunden dieselbe Maschine anbieten und sich, um entweder den Kunden an sich zu halten, oder aus sonstigen Konkurrenzabsichten heraus, derart im Preise unterbieten, daß die Firma, die das Geschäft erlangt, daran direkt nichts verdient. Wird eine solche Maschine später wieder gebraucht, so ist es mehr als wahrscheinlich, daß die Firmen, die den ersten Auftrag nicht erhielten, dem Kunden eine Ersatzmaschine statt der Original-maschine anbieten werden. Da auf den Überseemärkten die Fa-briken Amerikas, Englands, Frankreichs usw. mitkonkurrieren, fällt es einem Exporteur selten schwer, solche Ersatz-maschinen ausfindig zu machen. Derjenige Exporteur, der den ersten Auftrag erhielt, hat aber selbst kein großes Interesse an dem neuen Auftrage, da der Kunde nicht gewillt ist, ihm für die zweite Maschine mehr zu zahlen als für die erste; der Auftrag geht also an die Konkurrenz. Da sich die Preise von Ma-schinen auf demselben Markte bald herumsprechen, kann es sein, daß diese Maschine lange Zeit nicht wieder zu günstigem Preise verkauft werden kann. In einem solchen Falle ist der Fabrikant in einer ihm zuweilen unerklärlichen Weise ohne sein Verschulden, trotzdem er sich wahrscheinlich mit der ersten Maschine die größte Mühe gab, aus dem Geschäfte herausgekommen. Hätte er jeden der Exporteure verpflichtet, nur mit einem angemessenen Minimal-nutzen zu verkaufen, dann hätte ihm das nicht passieren können.

Kalkulation für die erste Lieferung.

Besondere Beachtung erfordert die Kalkulation für die erste Lieferung des Maschinenfabrikanten nach einem Über-seeplatze. Auf der einen Seite hat der Fabrikant das natürliche Bestreben sich nicht selbst zu drücken, d. h. zu verkaufen so hoch er kann, auf der anderen Seite muß er befürchten, daß, wenn er von vornherein zu hoch offeriert, seine Exportverbindung nach dem betreffenden Platze dadurch ein Ende haben kann. Ein Mittelweg liegt darin, daß der Fabrikant dem Exporteur für die erste Lieferung einen besonderen Einführungsrabatt oder Musterrabatt gewährt und die Preise für die späteren Lieferungen vorläufig höher setzt. Da die Unkosten für den Verkauf der ersten Maschine stets viel größer sind als für den Verkauf der zweitfolgenden Maschine, stellt der Musterrabatt eine Art Beteiligung des Maschinenfabrikanten an den Einführungsspesen des Exporteures vor.

Umsatzbonifikation.

Wenn eine Maschine in größeren Mengen exportiert werden kann, und der Fabrikant darauf angewiesen ist, mit mehreren Exporteuren zu arbeiten, ist es notwendig, demjenigen Exporteur, der den größten Umsatz erzielt, gewisse Vorteile zu gewähren. Dies geschieht dadurch, daß der Fabrikant den Rabattsatz entsprechend dem Jahresumsatze des Exporteurs variieren läßt oder dem Exporteur eine mit dem Umsatze wachsende sogenannte Umsatzkommission rückvergütet.

Übernahme des Delkredere durch den Exporteur.

Für die Kalkulation der Preise und Rabattsätze ist es auch maßgebend, ob der Exporteur das Geschäft für seine eigene Rechnung macht und das ganze Delkredere des Geschäftes selbst übernimmt oder das Geschäft nur kommissionsweise besorgt. Im ersteren Falle, der für den Maschinenfabrikanten der angenehmste ist, hat der Exporteur Anspruch auf einen höheren Rabatt, der ihn für das Delkredere entschädigt.

Amerikanische Kalkulationen für den Export und die amerikanische Gefahr.

Der Unterschied in den Preisen für den heimischen Markt und für den Export ist am größten bei den amerikanischen Fabrikanten. Diese sind durch den hohen Schutzzoll der Vereinigten Staaten in der Lage, für das Inland hohe Preise zu verlangen. Auf der anderen Seite sehen sie in dem Export die Möglichkeit, die Erzeugungskosten herabzudrücken. Vielfach sind die Exportpreise amerikanischer Fabrikanten so niedrig, daß sie nicht mehr als die direkten Unkosten der Fabrik, zuzüglich eines kleinen Zuschlages, darstellen. Da es sich in diesen Fällen jedoch meist nur um einzelne normalisierte Maschinentypen handelt, ist die Gefahr

dieser Preisunterbietungen für den deutschen Fabrikanten nicht
so gefährlich, wie man zunächst glauben sollte. Für Maschinen,
die dem jeweiligen Verwendungszwecke angepaßt werden müssen,
und für komplette Maschinenanlagen kann auch der Amerikaner
mit Minimalpreisen nicht arbeiten, und gerade solche Maschinen
und Anlagen geben das für viele deutsche Fabrikanten lohnendste
Geschäft.

Konstruktion der Maschinen für den Export.

In der Konstruktion der Maschinen läßt sich viel tun,
um den Fabrikanten den Eintritt in den Weltmarkt zu erleichtern.
Von einer für Deutschland bestimmten Maschinenanlage wird
beste Konstruktion, bestes Material und größtmögliche Ökonomie
neben vielen anderen Anforderungen verlangt. Dies entspricht
der Bestimmung der Maschine hierorts, daß dieselbe eine lange
Reihe von Jahren arbeiten soll, ohne ihren Wirkungsgrad zu sehr
zu verlieren. Für Übersee wird dagegen hauptsächlich große
Leistungsfähigkeit verlangt; auf größte Ökonomie wird weniger
Wert gelegt. Der überseeische Kunde erwartet auch nicht, daß
er die Maschine 20 Jahre lang wird verwenden können, und daraus
ergibt sich die wünschenswerte Exportqualität, die der Fabrikant
für seine Maschine anstreben soll. Die amerikanischen Maschinen
sind zum großen Teil in dieser Exportqualität ausgeführt,
welche an sich natürlicherweise einen weitaus billigeren Verkaufspreis gestattet. Diese Maschinen, an denen kaum eine Fläche
blank bearbeitet ist, die nicht als Gleit- oder Dichtungsfläche
dienen soll, entsprechen völlig den Wünschen der Kunden und
bilden die stärkste Konkurrenz der soliden, präzise und mit oft
zu guter Ausstattung versehenen deutschen Maschinen. Es hat
wenig Zweck, die amerikanischen Maschinen als minderwertig und
nicht nachahmungswürdig zu erklären. Im Gegenteil, wenn der
deutsche Maschinenfabrikant die Konkurrenz auf dem Welt-
markte aufnehmen will, ist es doch das erste, daß er sich bemüht, das zu liefern, was für den Markt gebraucht wird, bezw.
dort schon bekannt ist. Es gibt gewiß auch in Überseeländern
Leute, die die Vorteile erstklassiger Maschinen zu schätzen
wissen. Die Kundschaft dieser Leute allein jedoch gibt nicht den
Ausschlag.

Verbesserungen an Maschinen.

Häufig bemühen sich Maschinenfabriken, ihre Maschinen immer wieder zu verbessern und zu ändern und durch Zirkulare das Interesse der Exporteure für diese technischen Änderungen zu wecken. Hier sei gesagt, daß, soweit der Export in Frage kommt, es viel wünschenswerter ist, wenn der Fabrikant bei einer Reihe bestimmter Typen bleibt. Die englischen Fabrikanten bieten z. B. immer noch und mit Erfolg ihre alten guten Dampfmaschinenmodelle für Übersee an. Sie wissen, daß zehntausende von Leuten im Auslande ihre alten Kataloge mit den darin vermerkten Codewörtern in der Hand haben und durch eine Zuschrift, daß die alte Konstruktion nicht mehr modern ist, und daß die Fabrik die alten Modelle nicht mehr führt oder daß sonstige Änderungen vorgekommen sind, meist unangenehm überrascht sein würden. Man kann da nicht genug konservativ bleiben. Wenn schon eine neue Type geschaffen wird, so müssen deshalb immer noch die alten zum mindesten erhalten bleiben.

Äußeres der Maschinen.

Es ist auch erwähnenswert, daß sich die amerikanischen und englischen Firmen Mühe geben, ihre Maschinen mit einem gefälligen Anstrich zu versehen. Speziell in den heißen Ländern herrscht eine solche Vorliebe für kräftige Farben, daß auch der Maschinenbauer gut tut, ihr zu entsprechen. Vorteilhaft ist es, kompliziertere Partien der Maschinen mit Verschalungen zu liefern, die der ganzen Maschine für das Laienauge eine bestechende Einfachheit geben.

Patentschutz im Auslande.

Jeder Fabrikant, der eine brauchbare Maschinentype geschaffen hat, wird sich fragen, wie er sich gegen Nachahmung derselben schützen kann. Hier sei bemerkt, daß der Patentschutz z. B. in asiatischen Ländern auch nicht im entferntesten die Vorteile bringt, die man in Deutschland durch ein Patent erzielen kann. Die Patentgesetzgebung ist dort vielfach noch so lax, daß eine Patentverletzung von einem Ausländer gegenüber

einem Einheimischen nur schwer verfolgt werden kann. Seine
Klage kann Jahre zur Erledigung brauchen und führt kaum je
zu einem Erfolg, dagegen können dem Kläger daraus noch bedeutende Kosten erwachsen. Meiner Ansicht nach lohnt es sich
nur dann Patente in einem derartigen Staate zu nehmen, wenn es
sich darum handelt, sie einem Einheimischen, der danach produ-
zieren will, zu überlassen. Der Einheimische kann sich eben viel
leichter in seinem Lande zu seinem Rechte verhelfen als der
Fremde.

Schutzmarken.

Wenn man schon einen Schutz in dem ausländischen Markte
genießen will, dann ist die einfache Anmeldung einer Schutzmarke
empfehlenswert. Die Wortbezeichnung in dieser Marke soll der
betreffenden Landessprache entnommen sein; desgleichen soll die
Marke irgendetwas darstellen, das die besondere Aufmerksamkeit
der Eingeborenen erregt, z. B. für Indien ein Elefant. Ich empfehle, die Schutzmarken in fremden Lettern zu halten, weil sonst
der mißtrauische Eingeborene zu dem Glauben kommen kann,
daß es sich um ein einheimisches Produkt handelt, das in seinen
Augen dem importierten Produkte gegenüber als minderwertig
gilt. Solche Vorsicht ist in einem Lande wie Japan, welches bereits
eine große Industrie besitzt, besonders am Platze. Für kleinere
Maschinen, die in größerer Zahl verkauft werden, wie z. B. Näh-
maschinen oder Fahrräder, sollte man die Eintragung einer Schutzmarke nicht versäumen. Die Schutzmarken werden gewiß oft
auch mißbraucht; es ist jedoch leichter für den Fremden, durchzusetzen, daß dies seitens der betreffenden Regierung verboten
wird, als einen Patentprozeß auf Chinesisch oder Japanisch zu
führen. Die Händler, die nach einer Schutzmarke kaufen, pflegen
sich zu überzeugen, ob sie registriert ist. Wenn das nicht der Fall
ist, kann es vorkommen, daß ein Händler die Schutzmarke für
sich selbst eintragen läßt. Einer meiner Bekannten, der in einem
bestimmten Artikel ein bedeutendes Geschäft machte und dafür
zwei Schutzmarken verwandte, erhielt eines Tages den Besuch
eines Eingeborenen, der ihm erklärte, er habe die zwei Schutzmarken für sich eintragen lassen, da sie noch nicht registriert seien,
und untersage nun ausdrücklich deren weitere Verwendung.
Nur mit Intervention der Botschaft und einer Abfindung an den

Händler konnte mein Freund seinen Fehler gut machen, der in der Nichtanmeldung der Schutzmarken lag.

Allgemein läßt sich sagen, daß der Fabrikant auf außereuropäischen Märkten seinen größten Schutz in der Leistungsfähigkeit seiner Maschinen, billigen Preisen, prompter Lieferung und kräftiger Agitation suchen soll und weniger in Schutzrechten.

Verkaufsanleitungen.

Hier will ich eines der Hilfsmittel der amerikanischen Konkurrenz erwähnen. Der amerikanische Fabrikant stattet alle, die seine Maschinen verkaufen sollen, mit einer Verkaufsanleitung aus. Diese Anleitung gibt auf jede wahrscheinliche Frage, die seitens eines Kunden an den Verkäufer gerichtet werden könnte, eine prompte und befriedigende Antwort. Die Fabrikanten verlangen mit Recht, daß die Verkäufer ihrer Maschinen diese Verkaufserläuterungen im Kopfe haben. Dies ist mit eine Ursache, daß die amerikanischen Agenten mit großem Selbstvertrauen der Kundschaft begegnen; denn was ist natürlicher, als daß ein Kunde, dem durch den Verkäufer jeder Zweifel behoben wurde, diesem seinen Auftrag überschreibt!

Herstellung von Exportverbindungen.

Wenn in dem Vorhergehenden die Voraussetzungen für die Leistungsfähigkeit eines Maschinenfabrikanten für den Export angeführt wurden, so soll nunmehr gezeigt werden, wie sich der Fabrikant die passenden Verbindungen nach überseeischen Plätzen verschaffen kann.

In den Hafenplätzen wie Hamburg, Bremen, London, Marseille und den großen Handelszentren wie Berlin, Paris beschäftigt sich eine große Zahl von Firmen ausschließlich mit dem Handel nach den verschiedenen überseeischen Staaten. Es gibt Firmen darunter, die ausschließlich nach Bolivien arbeiten, andere, die ihre Verbindungen in Südafrika haben, und wieder andere, die nur nach Java arbeiten. Die größeren Häuser besitzen ihre eigenen Niederlassungen auf einem oder auch mehreren der überseeischen Gebiete, die kleineren Firmen stellen mehr die

Einkaufsfilialen der überseeischen Häuser dar. Es gibt da eine ganze Reihe von Varianten vom Großkaufmannshaus herunter bis zum kleinen Kommissionsagenten, der, trotzdem er nur mit seinen zwei Händen arbeitet, die Welt als sein Feld ansieht. Daß das Exportgeschäft in dieser Weise organisiert ist — und man kann wohl sagen für die ganze Welt —, macht es dem Maschinenfabrikanten verhältnismäßig leicht, sich den überseeischen Gebieten zuzuwenden.

Direkte Verbindungen nach Übersee.

Hier gleich soll die Frage beantwortet werden, warum es für den hiesigen Fabrikanten wünschenswerter ist, durch ein Exporthaus zu arbeiten, als direkte Verbindungen nach den betreffenden überseeischen Gebieten anzuknüpfen. Der Exporteur erfüllt durch seine Vermittelung zwischen dem europäischen Fabrikanten und dem Chinesen oder sonstigen Übersee-Kunden Aufgaben verschiedener Art. Vor allem kennt der Exporteur meist auf Grund jahrelanger oder auch jahrzehntelanger Anwesenheit in dem überseeischen Gebiete den Markt und weiss deshalb am besten, wie das betreffende Geschäft gefördert werden kann. Man bedenke, daß die Erlernung einer asiatischen Sprache allein schon enorme Mühe verursacht, und diese Sprachkenntnis ist nur eine von den ersten Vorbedingungen, um mit einem Eingeborenen Geschäfte zu machen. Dagegen könnte nun der Einwand erhoben werden, daß der Maschinenfabrikant nicht mit den Eingeborenen, sondern mit den auf dem überseeischen Platze ansässigen Fremden das Geschäft machen und so den Zwischengewinn des in Europa ansässigen Hauses ersparen könnte. Tatsache ist nun, daß jedes größere Überseehaus, und das sind ja die Kunden, die der deutsche Fabrikant braucht, in Europa seine feste Verbindung für den Einkauf besitzt. Es könnte sich also nur um zweit- und drittklassige Firmen handeln. Fabrikanten, welche gelegentlich von solchen Firmen direkte Zuschriften und Anfragen erhalten, sind leicht geneigt, dies für den Beginn großer Verbindungen zu halten und, nur um ins Geschäft zu kommen, in Form von Konsignationen Opfer zu bringen. Ich kann für derartige Verbindungen nur die größte Vorsicht anempfehlen; unter Umständen ist es gut, die eingelangten Anfragen einem anerkannten europäischen Hause, das auf dem betreffenden Überseeplatz eine Niederlassung besitzt, zur Bearbeitung zu überweisen.

Das Exporthaus als Finanzinstitut.

Das Exporthaus spielt bei der Lieferung des Fabrikanten nach dem überseeischen Platze vielfach auch die Rolle eines Finanzinstituts. Während nämlich der Maschinenfabrikant selten in der Lage ist, bei billigen Preisen langfristige Kredite einzuräumen — er will und kann oft nicht auf die Bezahlung lange warten —, ist das Exporthaus sehr oft genötigt, dem eingeborenen Kunden die Zahlung zu erleichtern. Schon darin, daß z. B. der Fabrikant gegen Auslieferung der Verschiffungsdokumente bezahlt wird, der Exporteur jedoch sein Geld erst nach Ablieferung auf dem überseeischen Platze erhält, was unter Umständen einen zeitlichen Abstand von 2½ bis 3 Monaten bedeutet, liegt ein finanzielles Engagement des Exporteurs. Dazu kommt, daß gegen die Ablieferung der Maschinen von dem Kunden nur ein Teil bar, der Rest aber in Wechseln oder auch ohne derartige Zahlungsgarantie lange Zeit nach Ablieferung der Maschinen bezahlt wird. Bei der Langsamkeit und Nichtachtung von Zeitaufwand seitens der Eingeborenen vergeht zwischen der Ankunft der Maschinen und ihrer Inbetriebsetzung oft sehr viel Zeit. Selbst der beste Kunde wird einen Teil der Zahlung bis zur Inbetriebsetzung hinausschieben, und das geht immer nur zu Lasten des Exporteurs. So lange der betreffende Kunde zahlungsfähig und zahlungswillig ist, läßt sich diese Zahlungsverschiebung durch Einrechnung entsprechender Zinsen ausgleichen. Es gibt aber so viele Kunden unter den Eingeborenen, die sich kein Gewissen daraus machen, das Exporthaus für die kleinste Differenz in der Lieferung durch große Preisabzüge zu schädigen, es gibt ferner manche einheimische Firma, die zur Zeit der Bestellung vermögend war, jedoch innerhalb der 5- bis 8- oder 10 monalichen Frist, die bis zur Ablieferung der Maschine verfloß, bankerott ging oder durch oft merkwürdige Umstände gezwungen wurde, von der geplanten Einrichtung abzusehen. In allen solchen Fällen trägt der Exporteur den Schaden.

Schließlich ist zu erwähnen, daß der Exporteur dem Maschinenfabrikanten einen wertvollen Dienst leistet, indem er ihm seine zahlreichen Verbindungen für den Vertrieb der Maschinen zur Verfügung stellt. Es ist ja selbstverständlich, daß im Laufe der Jahre sich eine große Anzahl privater Verbindungen des überseeischen Verkäufers zu seinen Kunden ergeben. Man kann sagen, daß ein großes Exporthaus für jeden vorkommenden Artikel, wenn er für den betreffenden Markt überhaupt gebraucht wird, in kürzester Zeit Interessenten innerhalb seines Kundenkreises und alle Verhältnisse des Marktes für den Verkauf dieses Artikels herauszufinden vermag. Damit wird der Exporteur zugleich ein Berater des Fabrikanten.

Wenn mit allen diesen Vorteilen, die der Exporteur dem Fabrikanten zu bieten vermag, die geringe Aussicht der direkten Agitation auf dem überseeischen Platze verglichen wird, so wird man ohne weiteres für die erste Verbindung sich entscheiden müssen.

Eine oder mehrere Export-Verbindungen nach dem gleichen Überseeplatze?

Es frägt sich nun noch, ob es für den Fabrikanten vorteilhafter ist, sich für einen überseeischen Staat zugleich mit mehreren oder nur mit einem Exporteur in Verbindung zu setzen. Meiner Ansicht nach ist es das richtigste, bemüht zu sein, für jeden Importplatz nur eine Verbindung anzuknüpfen und diese mit besten Kräften zu fördern. Um sich zu vergewissern, mit wem man z. B. für Java in Verbindung treten soll, genügt eine Anfrage an das betreffende deutsche Konsulat.

Die Vermittlung der deutschen Konsulate für die Auffindung von Exportverbindnngen.

Die Anfrage an das Konsulat wird leider oft so unzulänglich gestellt, daß ich darauf hinweisen möchte, wie sie abzufassen ist.

Eine solche Anfrage wird von dem Konsul den ihm als geeignet erscheinenden Firmen vorgelegt. Da nun diese Firmen mit Anerbietungen für die Übernahme von Vertretungen überlaufen werden, ist es sehr wichtig, daß diese Anfrage von vornherein einen möglichst guten Eindruck erweckt. Das überseeische Haus muß aus den Beilagen der Anfrage ersehen, daß der Fabrikant leistungsfähig ist, daß er gute Referenzen hat, daß seine Preise konkurrenzfähig sind, und daß sein Katalogmaterial praktisch zusammengestellt ist. Wenn man dies bedenkt, erscheint eine einfache Anfrage an den Konsul, ob in dem betreffenden Staate z. B. Holzhobel gebraucht werden, die mit der Bitte um Angabe sich dafür interessierender Exporteure verbunden ist, recht unzureichend.

Auswahl der Exportverbindungen.

Andererseits ist es gut, vom Konsul oder, wenn man durch diesen eine Informationsquelle erfahren kann, von dieser einige Angaben über die Personalverhältnisse des als geeignet genannten Exporthauses zu erbitten. Zum Verkaufe einer Maschine wird z. B. ein kleineres Exporthaus, welches einen Ingenieur beschäftigt, eine viel bessere Verbindung sein als ein großes Exporthaus, das keinen Ingenieur drüben hat und das Maschinengeschäft nur nebenbei betreibt. Man suche auch zu erfahren, ob die empfohlenen Firmen bereits eine ähnliche Vertretung inne haben. Es ist damit zu rechnen, daß die kleine Zahl der an einem überseeischen Platze ansässigen Exporteure sich in die Vertretungen der größten Fabriken der Welt teilt, so daß verhältnismäßig viele Vertretungen verschiedener Art in die Hand einer einzelnen Firma kommen. Ferner bringen es die Marktverhältnisse mit sich, daß für manche Artikel ein Exporteur sowohl deutsches als englisches usw. Material zu offerieren in der Lage sein muß. Drüben ist es nicht üblich, daß der Kunde den einen Artikel von dem einen Hause und den anderen Artikel von einem anderen Hause kauft; zumindest tut es der Kunde sehr ungern. Durch die Kreditgewährung an den Kunden wird das Verhältnis zwischen Verkäufer und Kunden ein enges. Der Kunde wird es daher vorziehen, bei seinem Kreditgeber zu kaufen, und der Exporteur sucht möglichst die gesamten Bestellungen des Kunden zu bekommen, schon aus dem einfachen Grunde, damit sich dieser nicht an eine Konkurrenzfirma gewöhnt. Wenn nötig, wird er seinem Kunden einmal englische, einmal deutsche Maschinen liefern müssen. Aus allen diesen Gründen ist von einem Exporteur nicht zu verlangen, daß er seine alten Verbindungen mit eingeführten Maschinenfabriken aufgibt, um eine neue Verbindung zu bekommen. Was der Maschinenfabrikant für den

Anfang verlangen kann, ist, daß das Haus, das er mit dem Vertrieb seiner Maschine betraut, seine Typen alternativ mit den bereits gehandelten Typen anbietet. Er muß dafür sorgen, daß seine Maschinen sich unter solchen Umständen durch ihren Preis und ihre sonstigen Vorteile den Konkurrenzfabrikaten überlegen zeigen.

Wir kommen nun zu dem Falle, daß der Maschinenfabrikant sich entschließt, gleichzeitig an mehrere Exporteure für denselben Bezirk heranzutreten. Dafür spricht meines Erachtens nur die größere Wahrscheinlichkeit, daß unter diesen Exporteuren sich einer finden mag, der der neuen Sache mehr Interesse entgegenbringt als die anderen. Gewöhnlich sind das dann Firmen, die wenig Geschäfte an der Hand haben, und durch eine kleine Aufmunterung den Fabrikanten an sich bringen bzw. die Chance des Geschäftes für sich sichern wollen. Es sei damit nicht gesagt, daß es nicht auch eine große, rührige Firma sein kann, die jedem Antrage mit Interesse begegnet. Sobald der Fabrikant jedoch einem großem Hause von vornherein erklärt, daß er mit mehreren Firmen gleichzeitig zu arbeiten gedenkt, wird er auch für die beste Offerte stets nur wenig Gegenliebe finden. Dies hat darin seinen Grund, daß der Kundenkreis auf dem überseeischen Platze gewöhnlich nur klein ist, und daß, wenn zwei Verkäufer denselben Artikel gleichzeitig anbieten, sofort die Preisunterbietung beginnt. Einen Artikel einzuführen und schon hierbei der Konkurrenz in demselben Artikel zu begegnen, ist für keinen Verkäufer verlockend. Der Fabrikant wird die Wirkung seines Vorgehens, das ich für die Einführung seiner Firma für den Export als unrichtig bezeichne, darin spüren, daß er sehr geringe Fortschritte machen wird.

Vertretungsabkommen mit Exporteuren.

Es kann nun sein, daß sich ein Fabrikant auf Grund guter Informationen zunächst mit einem Hause in Verbindung gesetzt hat, und daß durch Änderung der Verhältnisse dieses Haus außer Lage kommt, für seinen Artikel kräftig zu agitieren. Aus diesem Grunde ist es gut, das Vertretungsabkommen mit dem Exporthause so abzufassen, daß diesem der Alleinverkauf zunächst nur für eine Periode von einem Jahr reserviert bleibt, und daß dieser Termin nur, wenn Erfolge erzielt wurden, verlängert werden soll.

Alle diese Ausführungen beziehen sich auf Firmen, welche den Export beginnen. Für Fabriken, die im Laufe der Jahre für den Export genügend Erfahrungen gesammelt haben und ihre alten Verbindungen aus dem einen oder anderen Grunde aufgeben mußten, kommt oft ein ganz anders gestaltetes Verhältnis zu den Exporteuren in Frage. Darauf will ich zurückkommen, sobald die einfacheren Formen des Exportgeschäftes erläutert worden sind.

Erste Exportofferten.

Der Verkehr des Fabrikanten mit dem Exporteur, auf den wir jetzt eingehen wollen, erstreckt sich fast ausschließlich auf die Abgabe von Offerten und Abschluß und Erledigung von Lieferungen. Zunächst wird der Maschinenfabrikant danach trachten, den Einkäufer des Exporthauses, das ihm empfohlen wurde, für seine Artikel zu interessieren. Diese Einkäufer sind meist Ingenieure; es kommt aber auch vor, daß große Anlagen durch Herren eingekauft werden, denen es an den einfachsten technischen Kenntnissen mangelt. Der Fabrikant hat in solchen Fällen, in denen er auf einen Laien stößt, ein Interesse daran, ihm die betreffende Maschine begreiflich zu machen und speziell auf ihre große Rentabilität hinzuweisen. Wenn sich der Einkäufer für die Maschine interessiert, wird er dem Maschinenfabrikanten bzw. seinem Vertreter erklären: „Bitte, machen Sie uns eine Offerte in duplo, die wir an unsere Überseefiliale hinaussenden können, wir werden dann sehen, ob draußen für Ihre Maschine Interesse vorliegt". Das bedeutet für den Maschinenfabrikanten, daß alles von dem Eindrucke abhängt, den die Offerte drüben machen wird. Deshalb soll gerade dieser ersten Offerte möglichst viel Aufmerksamkeit geschenkt werden. Die doppelte Ausfertigung der Offerte ist notwendig, weil die überseeische Filiale und das hiesige Haus des Exporteurs je ein Exemplar in Händen haben müssen, auf das sie sich bei Bestellungen telegraphisch oder brieflich beziehen können. Es empfiehlt sich überhaupt für den Fabrikanten, auch für die Zukunft von allen Mitteilungen, die er dem Exporthause macht, und die für den Übersee-Verkäufer bestimmt sind, gleich eine Kopie beizufügen, das beschleunigt

die Erledigung seiner Briefe. Von den Katalogen schickt man
vorteilhaft immer gleich 3 oder 6 nach Übersee. Ein Exemplar
wird drüben dem Katalogarchiv eingereiht, ein weiteres muß
dem betreffenden Verkäufer für seine Besuche zur Hand sein,
und 2 oder 3 braucht man, um sie den ersten Offerten beizufügen.
Manche Firmen fügen, wenn sie sich schon etwas Kenntnis des
überseeischen Platzes verschafft haben, der ersten Offerte auch
eine oder die andere Proforma-Faktur bei. Diese stellt ein Beispiel vor, wie sich die Maschine, nach drüben geliefert, im Preise
stellt. Dies ist eine gute Kontrolle für die ersten Kalkulationen,
die der überseeische Verkäufer für die Maschine zu machen hat.
Es schützt auch davor, daß der Verkäufer, weil ihm die Maschine
noch neu ist und aus Unkenntnis der genauen Kalkulation, zu
hohe Preise ansetzt und dann mit der Offerte des Maschinenfabrikanten nicht gegen die Konkurrenz aufkommen kann.

Beschreibungen der Arbeitsvorgänge.

Zu erwähnen ist ferner, daß jeder komplizierten Offerte
eine Beschreibung beigegeben sein soll, wie die verschiedenen
Positionen der Offerte miteinander zusammenhängen. Was
nützt z. B. die Offerte für eine chemische Fabrikanlage, aus der
man nur sieht, wieviel Reservoire, Rohrschlangen und Koch-
apparate nötig sind. Eine Beschreibung über den Betrieb bringt
in eine solche Offerte erst Leben hinein.

Teilweise Herstellung von Maschinen auf dem Überseeorte.

Es gibt zahlreiche Maschinenanlagen, für die ein Teil —
der großen Fracht- und Zollersparnis wegen — auf dem überseeischen Platze vorteilhafter hergestellt werden kann. Es liegt
im Interesse des Maschinenfabrikanten, eine derartige Verbilli-
gung seiner Offerte zu unterstützen.

Ich möchte noch sagen, daß schon mit der ersten Offerte
möglichst auch Arbeitsmuster hinausgehen sollen, z. B. für einen
Drahtwebstuhl Muster aller auf demselben erzeugbaren Draht-
gewebe. Gute Muster bilden ihre beste Empfehlung.

Nachdem die erste Offerte des Fabrikanten hinausgesandt
wurde, kann es Monate dauern, ehe ihm das Einlangen der ersten
Bestellungen oder, vorsichtiger gesagt, der ersten Anfragen von

dem Exporteur gemeldet wird. Der Maschinenfabrikant darf nicht ungeduldig werden. Es geht drüben alles so langsam, und es können wegen des neuen Geschäftes nicht so und so viel alte dringliche Geschäfte liegen bleiben. Auch ist Zeit notwendig, um den eingeborenen Verkäufern drüben die eingelangte Offerte in ihrer Sprache zu erläutern. Dazu kommen gewisse Gebräuche, durch die der Geschäftsgang verlangsamt wird. Zum Beispiel schiebt mancher Eingeborene neue Geschäfte aus Aberglauben vom September über das Neujahr hinaus.

Erste Anfragen.

Vorausgesetzt, die ersten Anfragen liegen nun vor. Der Fabrikant soll und darf dann annehmen, daß es sich im Exportgeschäft meist um ernste Anfragen handelt, die mit Gründlichkeit erledigt sein wollen. Hier will ich gleich auf einen Umstand aufmerksam machen, durch den oft ein gutes Geschäft dem Maschinenfabrikanten verloren gehen kann.

Beurteilung von Anfragen.

Gewöhnlich hält man hierzulande eine Anfrage auf Maschinen für um so ernster, je kompletter die Angaben des Kunden sind. Man setzt voraus, daß niemand daran geht, eine Maschine zu kaufen, ohne darüber bereits orientiert zu sein. Manche Fabriken lehnen aus diesem Grunde ab, auf unvollkommene Angaben hin Angebote zu machen. Das ist im Exportgeschäft vollständig falsch. Die überseeischen Kunden haben vielfach nie Gelegenheit, die Maschine, die sie kaufen wollen, vorher in Betrieb zu sehen. Sie verlassen sich eben auf das, was ihnen der Verkäufer über die Leistungsfähigkeit der Maschine zusichert bzw. ihnen empfiehlt. Würde man einem solchen Kunden den üblichen Fragebogen z. B. für einen Dampfkessel vorlegen, so würde man auf jede Frage nur eine Gegenfrage bekommen. Wenn man den Kunden fragt: „Welchen Druck soll der Dampfkessel haben?" so fragt der Kunde zurück: „Welchen Druck empfehlen Sie?" Er wird sich auch darüber wundern, daß der Verkäufer, den er als in seinem Fache bewandert voraussetzt, ihn um eine Belehrung ersucht. Mancher Kunde ist auch so mißtrauisch, daß er den Verkäufer in seine Fabrik nicht hineinläßt und in der Furcht, daß seine Angaben irgendwie zu seinem Nachteile verwendet werden könnten, dieselben absichtlich unwahr abgibt.

Aufnahme von Anfragen im Auslande.

Aber auch wenn der Kunde einen ihn konsultierenden einheimischen Ingenieur dem Verkäufer gegenüberstellt, ist damit noch nicht gesagt, daß man da leicht die notwendigen Angaben zur Ausarbeitung eines exakten Projektes bekommt. Dieser Ingenieur ist meist aus seinem Mutterlande nicht hinausgekommen und konzentriert seine Bestrebungen darauf, bei dem betreffenden Unternehmer in hohem Ansehen zu bleiben und sich um keinen Preis zu blamieren. Wehe dem europäischen Verkäufer, der den Konsultingingenieur vor dessen Auftraggeber bloßstellt! Der Konsultingingenieur sieht ihn dann als seinen persönlichen Feind an und wird nichts unterlassen, um das Geschäft unmöglich zu machen. Da dieser konsultierende Ingenieur selbst jedoch die anzuschaffende Maschine nicht näher kennt, oder auch noch nie gesehen hat, wie z. B. eine Dampfturbine, so wird er die Angaben an den Verkäufer so allgemein als nur irgend möglich halten. Erst wenn er durch die ersten Offerten genügend belehrt worden ist, wird er dazu übergehen, genauere Angaben zu machen und Garantieforderungen zu stellen, wie sie sich aus dem Vergleich von Kostenanschlägen ergeben.

Es gibt gewiß unter den einheimischen Ingenieuren auch sehr tüchtige Leute, die durch Studium im Auslande zuweilen besser über die fragliche Maschine informiert sind als der verkaufende Ingenieur selbst; dies ist aber nicht die Regel.

Die Aufnahmen für eine Maschinenanlage, wenn dieselbe an irgendeinem nur halbwegs entfernten Platze gemacht werden müssen, sind sehr kostspielig. Nicht allein, daß der Fremde der im Auslande erstklassig zu reisen gezwungen ist, und noch einen einheimischen Begleiter mitnehmen muß. Durch seine Abwesenheit vom Bureau verliert er unter Umständen wichtiger Geschäfte, während die Anfrage noch sehr lange Zeit bis zum Abschlusse einer Bestellung brauchen kann.

Aus dem Gesagten ist zu ersehen, wie viele Schwierigkeiten dem verkaufenden Ingenieur drüben vorliegen, um seine Anfragen für Maschinenfabriken so präzise zu stellen, wie das hier zulande üblich ist. Sehr oft jedoch ist der Importeur, der für seinen Kunden zugleich Maschinengeschäfte besorgt, technisch gar nicht vorgebildet. Ich kenne Fälle, in denen tüchtige Kaufleute sehr große Maschinengeschäfte machten, ohne auch nur den Druck an einem Manometer ablesen zu können. Solche Herren werden noch dürftigere Anfragen nach Hause senden als Ingenieure.

Aus dem Gesagten ergibt es sich, daß sehr wohl ungenaue Anfragen durchaus ernst gemeint sein können, während genaue Anfragen von einem Kunden stammen können, der sich bereits auf das genaueste informiert hat und nur dann kaufen wird, nachdem er so und so viel Exporthäuser bemüht und durch die Konkurrenz derselben den niedrigsten, für den Verkäufer meist wenig reizvollen Einkaufspreis herausgefunden hat.

Bearbeitung der Anfragen.

Ich empfehle deshalb, Anfragen die von Übersee kommen, auch wenn sie noch so unvollkommen sind, eingehend zu beantworten. Sind wichtige Angaben vergessen, so ist es gut, selbst Annahmen zu machen, so daß doch ein Kostenanschlag zusammenkommt. Wenn man aus der Anfrage sieht, daß der Verkäufer wenig oder keine Ahnung von der fraglichen Maschine hat, dann gebe man ihm Erläuterungen, Proforma-Rentabilitätsberechnungen usw. Man setze voraus, daß der Verkäufer einen Kunden vor sich hat, der von ihm kaufen will, und das ist ja die Hauptsache.

In Unkenntnis der tatsächlichen Verhältnisse arbeiten viele der in Europa projektierenden Ingenieure so, daß sie jede Anfrage zunächst auf Unvollkommenheiten untersuchen und die Erledigung der Anfragen bis zum Empfang näherer Angaben aufschieben. Diese Ingenieure bedenken nicht, daß sie dadurch ihrem Unternehmen großen Schaden zufügen. Wenn heute von China aus eine Anfrage nach Europa gesandt wird, braucht sie über Sibirien mindestens 3, auf dem Seewege 4—5 Wochen. Eine Rückfrage an den Verkäufer braucht die gleiche Zeit, und bis zur Erledigung derselben vergehen weitere 6 oder 7 Wochen. Das ist schon ein Zeitraum von etwa 4 Monaten, und jetzt muß noch die Offerte in Europa ausgearbeitet und nach China gesandt werden. Es ist leicht begreiflich, daß der Kunde, wenn ihm von anderer Seite schon früher eine wenn auch beiläufige Offerte gemacht worden ist, geneigt sein wird, diese andere Seite als leistungsfähiger anzusehen. Die Offerte des Maschinenfabrikanten, der es sich so lange überlegt hat, kommt gewöhnlich zu spät.

Sieht man aus der Anfrage, daß der Verkäufer nicht das richtige Katalogmaterial in der Hand hat, so sende man solches sofort und lasse das Angebot, wenn es längerer Zeit zur Ausarbeitung bedarf, folgen.

Erste Exportaufträge.

Die gemeinsamen Bemühungen des Exporteurs und des Maschinenfabrikanten führen, wenn auch manchmal erst nach einer größeren Geduldprobe, schließlich zu Bestellungen des Kunden an den Exporteur und des Exporteurs an den Maschinenfabrikanten. Wir müssen uns deshalb jetzt mit den Formalitäten, unter denen diese Bestellungen erfolgen, beschäftigen.

Verträge des Exporteurs mit dem Kunden.

Der einheimische Kunde schließt mit dem Exporteur (er ist Exporteur in Europa und Importeur auf dem überseeischen Gebiete) einen Vertrag ab, der ähnlich aussieht wie der Lieferungsvertrag einer hiesigen Firma mit dem Abnehmer einer Maschine. In dem Vertrag sind Zusätze enthalten, welche den Exporteur außer obligo setzen, wenn sein Lieferant außerstande ist, zu liefern. Nachweisbarer Streik in der Fabrik des Fabrikanten, Untergang des transportierenden Schiffes, Feuer oder andere Force majeure entbinden den Exporteur von der Verpflichtung der Lieferung. Ferner sieht sich der Exporteur in dem Kontrakte für den Fall vor, daß ihm der Kunde die Maschine nicht prompt abnimmt und dadurch Verlust verursacht. Es wird dafür bestimmt, daß der Kunde sowohl Lagermiete als auch die üblichen Zinsen zu bezahlen hat.

Wenn die Währung des betreffenden überseeischen Gebietes starken Schwankungen unterworfen ist, und der Exporteur in europäischer Währung verkauft, so ist es nötig, eine Bestimmung über den Umrechnungskurs aufzunehmen, da der Kunde in seiner Landeswährung bezahlt. Der Kontrakt enthält auch eine Klausel über die Ernennung von Schiedsrichtern für den Fall von Streitigkeiten und die Anrufung von Sachverständigen zum gleichen Zwecke.

Verträge des Maschinenfabrikanten mit dem Exporteur.

Wesentlicher für den Maschinenfabrikanten sind die Kontrakte, die er selbst mit dem Exporteur abschließt. Die Eigentümlichkeit des Exportgeschäftes, bei dem dem Exporteur die Doppelstellung des Vermittlers und Eigenkäufers zufällt, bringt es mit sich, daß der Exporteur, wo er nur Vertreter ist, das Risiko auf den Fabrikanten schiebt, und wo er der Eigenkäufer ist, die Vorteile dieser Stellung für sich beansprucht. Vertreter ist der Exporteur in allen technischen Fragen. Die gekaufte Maschine sieht das europäische Haus des Exporteurs meist überhaupt nicht. Die Maschine geht vom Fabrikort direkt nach dem Hafen und wird erst auf dem überseeischen Platze ausgepackt. Aus diesem Grunde hält der Exporteur den Fabrikanten für jeden Schaden verantwortlich, der sich durch schlechtes Material oder schlechte Konstruktion ergibt, auch wenn diese Fehler erst auf dem überseeischen Platze zum Vorschein kommen. Da nun zwischen der Lieferung einer Maschine und der Inbetriebsetzung ohne Verschulden des Exporteurs eine recht lange Zeit verlaufen kann, behält sich der Exporteur einen entsprechend langen Termin für die Erhebung von Reklamationen vor. Der Exporteur bedingt sich ferner Anerkennung eines überseeischen Sachverständigen-Urteils aus, wenn nach diesem die Maschine für minderwertig erklärt wird, oder die Maschine zu reparieren ist oder als unreparierbar zur Auktion gestellt werden soll.

Neutrale Lieferungen.

Abweichend von hiesigen Maschinen-Lieferungsverträgen schreibt der Exporteur die neutrale Lieferung der Maschine vor. Der Exporteur hat ein Interesse daran, spätere Interessenten an der ersten Maschine nur sehen zu lassen, daß sie durch ihn bezogen wurde, ohne daß sie den Fabrikanten an der Maschine ausfindig machen können. Dem Kunden selbst ist es gleichgültig, ob der Name des Fabrikanten, den er ohnehin nicht kennt, in großen Lettern an der Maschine steht oder nicht. Er hat manchmal sogar ein Interesse daran, daß keinerlei Herkunftsbezeichnung zu sehen ist, weil das seinem Konkurrenten die Beschaffung der gleichen Maschine erschwert. Das beste Namensschild für den Fabrikanten ist die Maschine selbst, denn eine zweite Maschine wird immer nur wegen der Vorzüge der ersten verlangt werden, und nicht, weil ein großes Schild daran ist. Da in vielen Fällen Fabrikanten, um mehr Verbindungen zu bekommen, ihre Maschine mit der Zeit auch anderen Exporthäusern angeboten haben, so ist die neutrale Lieferung der Maschine zugleich eine Schutzmaßregel gegen ein solches Vorgehen zugunsten des Exporteurs. Im allgemeinen erklären sich die Fabrikanten damit einverstanden.

Lieferzeit-Garantie.

Selbstverständlich weisen die Exporteure den Fabriken die Verantwortung für eventuelle zu späte Lieferung zu. Im Verkehr mit den Eingeborenen gibt es nur selten die Kulanz, die sich im Verkehr zwischen zwei europäischen Häusern zeigt. Es kommt vor, daß eine kleine Verspätung in der Lieferzeit von dem Kunden als Grund zur Ablehnung der Übernahme benützt wird. Zuweilen sind dies nur ein paar Tage. Der Exporteur muß mit dieser Eigentümlichkeit seiner Kunden rechnen, und der Fabrikant soll sich danach richten, indem er für Exportlieferungen zugesagte Termine genau einhält.

Zahlungsbedingungen für den Export.

Abgesehen vom Preise sind dem Maschinenfabrikanten die Zahlungsbedingungen wohl der interessanteste Teil für die Abmachungen mit dem Exporteur. Für kleinere Lieferungen und für solche Lieferungen von Maschinen, für die Anstände nicht zu erwarten sind, wird der Fabrikant vom Exporteur meist Cassa gegen Dokumente oder ähnliche Bedingungen erzielen können. Für die Lieferung einer Drehbank z. B., die nach Muster oder Katalog bestellt wurde, kann der Maschinenfabrikant außer guter Herstellung und Verpackung nichts tun, und es liegt kein zwingender Grund vor, ihm die Zahlung bis zur Abnahme auf dem überseeischen Platze vorzuenthalten. Sollte sich in einem derartigen Falle Unzulänglichkeit der Lieferung ergeben, so ist dies durch Sachverständige leicht feststellbar und der Exporteur durch seinen Kontrakt mit dem Maschinenfabrikanten geschützt. Bei Lieferung einzelner Maschinen ist aber auch der Rechnungsbetrag nicht bedeutend, und eine Teilung der Zahlung wenig vorteilhaft.

Zahlungsbedingungen für komplette Maschinenanlagen.

Anders verhält es sich, wenn der Maschinenfabrikant eine komplette Fabrikeinrichtung zu liefern hat, die auf dem überseeischen Platze durch einen seiner Monteure aufgestellt werden soll. Vor allem handelt es sich da um große Kapitalien, und der Exporteur hat das Bestreben, um nicht zu viel Geld festzulegen, seine Zahlungen an den Maschinenfabrikanten entsprechend den Zahlungen, die er von seinem Kunden erhält, einzurichten. Eine derartig große Lieferung trägt aber auch neben dem Risiko, daß der Kunde eventuell nicht zahlen wird, für den Exporteur das Risiko, daß sich die Fabrikanlage an einem dem Fabrikanten vielleicht noch gar nicht bekannten überseeischen Gebiete. z. B. in den Tropen, nicht bewähren wird. Das natürliche Verhältnis liegt darin, daß der Exporteur und der Fabrikant für eine derartig große Lieferung förmlich als Gesellschafter auftreten. Der Exporteur garantiert, daß sein Kunde gegen gute Lieferung zahlen wird, und der Maschinenfabrikant garantiert, daß sich seine Maschinen bewähren werden. Dementsprechend wird der Maschinenfabrikant in einem solchen Falle damit einverstanden sein, daß ihm für eine große Lieferung ein Teil der Kaufsumme bei Bestellung gezahlt wird, der zweite Teil nach Fertigstellung in Europa, der dritte Teil bei Ankunft der Maschinen in dem überseeischen Hafen und der vierte Teil nach Übergabe der Anlage an den überseeischen Kunden. Zuweilen wird ein Teil der Kaufsumme zurückbehalten, bis die Frist, innerhalb welcher der Fabrikant für gutes Material und gute Arbeit garantiert, abgelaufen ist.

Je nach den Umständen werden sich diese Zahlungsverhältnisse verschieben. Vorsichtige Fabrikanten werden darauf halten, daß sie bei Auslieferung der Maschinen an dem überseeischen Platze, d. h. in dem Moment, wo diese Maschinen praktisch in die Hände der Eingeborenen übergehen, zumindest ihre Selbstkosten in Händen haben. Der Fabrikant hat dann nur noch seinen Gewinn zu erwarten, und der Eingang desselben hängt zum größten Teil von guter Montage und guter Lieferung ab, also von ihm selbst. Jedenfalls ist dieses Risiko für den etwaigen Verlust des Gewinnes kein zu hohes.

Zahlungen für Regierungslieferungen.

Zu erwähnen sind noch die Zahlungsverhältnisse für große Regierungslieferungen. Es handelt sich da zuweilen um Beträge, die in viele Hunderttausende und manchmal in die Millionen von Mark gehen. Um diese Lieferungen zu bekommen, hat der Exporteur, genau so wie es in Deutschland für öffentliche Ausschreibungen üblich ist, einen der Kaufsumme entsprechenden Geldbetrag als Garantie für prompte Lieferung zu hinterlegen, z. B. für eine Lieferung von 600 000 M den Betrag von 66 000 M. Diese Zahlung erhält der Exporteur erst dann zurückerstattet, wenn die Lieferung vollständig abgewickelt wurde, was unter Umständen 1 bis 2 Jahre dauern kann. Dazu kommt, daß für Lieferungen an Regierungen wegen der Sicherheit der Zahlung die Konkurrenz unter den Exporteuren sehr stark ist, und der Exporteur sich da mit einem sehr kleinen Gewinn begnügen muß. Bei so großen Lieferungen kann demnach der Exporteur nur Erfolg haben, wenn der Fabrikant sich mit seinen Zahlungsbedingungen nach den Zahlungen der betreffenden Regierung einrichtet. Da jedes solche Geschäft individuell bearbeitet werden muß, läßt sich hier nichts Näheres sagen.

Rechtsverhältnisse für den Export.

Für diejenigen, welche bisher noch nicht für den Export geliefert haben, sei auch einiges über die Rechtsverhältnisse für das Exportgeschäft gesagt. In Wirklichkeit ist es ziemlich dasselbe, ob ein Fabrikant mit einem Hamburger Geschäftsmann einen Lieferungsvertrag abschließt für eine Maschine, die in Hamburg verwendet werden soll, oder wenn der Exporteur die Maschine nach Übersee senden will. Der Lieferungsvertrag stützt sich auf deutsches Recht, und der Fabrikant kann ebenso den Exporteur in Deutschland verklagen wie der Exporteur den Maschinenfabrikanten. Da die Gerichte in den Hafenplätzen mit den Rechtsfragen des Exportes durch langjährige Übung genauer vertraut sind als die Richter irgendeiner kleinen Provinzstadt, so ist es berechtigt, wenn der Exporteur seinen Exportplatz als Gerichtsort verlangt.

Abnahme der Maschinen im Auslande.

Die Abnahme der Maschnien geschieht jedoch, wie bei der Besprechung des Kontraktes zwischen dem Fabrikanten und dem Exporteur erwähnt, auf dem überseeischen Orte, und es ist deshalb notwendig, die auf dem überseeischen Platze gemachten Erhebungen für einen eventuellen, auf deutschem Boden auszutragenden Rechtsstreit brauchbar zu machen. Dies geschieht, indem der Sachverständige, der in dem Lieferungskontrakte erwähnt ist, als solcher von dem Konsul des Deutschen Reiches auf dem überseeischen Platze anerkannt, und sein Befund über eventuell unzureichende Lieferung usw. vom Konsul beglaubigt wird. Wenn ein derartig beglaubigter Befund nach Deutschland gesandt wurde, ist weiter nichts nötig um den Rechtsstreit hier in Deutschland zu Ende führen zu können. Die Gefahr für den Maschinenfabrikanten liegt in diesem Verlaufe darin, daß der angebliche Sachverständige auf dem überseeischen Platze vielleicht der beste und anständigste Mensch sein kann, ohne von der betreffenden Maschinengattung viel zu verstehen. Dadurch kann sich so manches falsche Sachverständigen-Urteil ergeben. Während auf der einen Seite der Reiz des Überseegeschäftes darin liegt, daß man es noch mit unentwickelten Gebieten, geringerer Konkurrenz und anspruchsloseren Kunden zu tun hat als in der Heimat, so muß man sich wieder andererseits in vieler Beziehung diese Unvollkommenheiten, z. B. uninformierte Sachverständige, gefallen lassen. Es gibt nicht für jede Spezialität da draußen einen Fachmann. Mir als Ingenieur wurde einmal der Antrag gemacht, über eine schlecht ausgefallene Lieferung von Lederhandschuhen ein Gutachten zu erstatten, und ich habe es gemacht.

Ausführung der Maschinen für Exportorders.

Jetzt kommen wir endlich zu dem Punkt, daß der Maschinenfabrikant die von dem Exporteur bestellte Maschine in Arbeit nimmt, und wollen daran einige Bemerkungen knüpfen. Was ich dem Fabrikanten empfehle, ist: alles zu vermeiden, was für den überseeischen Kunden an der Maschine nicht unbedingt nötig ist und drüben als Luxus erscheint. Wenn mancher Fabrikant, der eine präzis gearbeitete und mit allen Vervollkommnungen ausgestattete Maschine exportiert hat, sehen würde,

wie diese in einem elenden Holzschuppen arbeitet, von einem
wenig verständigen Kuli bedient wird und dazu verdammt ist,
Verbesserungen auszuhalten, welche dieser Mann sich genötigt
sieht anzubringen, um seinem Chef zu beweisen, daß er die Maschine besser versteht als der Fabrikant, wenn der Konstrukteur
und der Fabrikant der Maschine dieselbe 6 Monate nach Inbetriebsetzung sehen könnten in einem verschmutzten Zustand mit
weit herabgeminderter Leistungsfähigkeit und Ökonomie, dann
würden sich beide sagen: „Wozu haben wir denn solch eine
Ausstellungsmaschine hinausgeschickt!" Ich hatte einen Fall, in
welchem der Fabrikant im Preise auch nicht die geringsten Zu-
geständnisse machen wollte; nachher kam eine Maschine hinaus
in ausgezeichneter, luxuriöser Ausstattung, an der ganz bedeutend
hätte gespart werden können.

Es wäre falsch, zu behaupten, daß die schlechte Behandlung
der Maschinen auf überseeischem Gebiete allgemein ist. Es gibt
Fabriken, die von europäischen Ingenieuren geleitet werden
oder von Eingeborenen, die in Amerika oder Europa studiert
haben, und in solchen Fällen ist die Maschine drüben ebensogut
aufgehoben wie hierzulande. Aber diese Fälle sind Ausnahmen.
Die weitaus größte Zahl der Maschinen für Export wandert heutzutage noch in die Hände von Laien. Je einfacher der Fabrikant
seine Maschine ausführt und je unempfindlicher, desto besser für
alle Fälle.

Pläne für Fundamente und Baulichkeiten.

Wenn es sich um größere Maschinenanlagen handelt, dann
soll gleichzeitig mit der Ausführung der Maschine die Herstellung
der Pläne für die nötigen Baulichkeiten und Fundamente be-
gonnen werden. Diese Pläne sollen viel früher in den Händen
des überseeischen Bauherrn sein, als dies für hiesige Verhältnisse
nötig wäre. Übereilung ist z. B. dem Asiaten äußerst unsym-
pathisch. Der asiatische Arbeiter nimmt sich noch viel, viel mehr
Zeit als der hiesige Maurer. „Nur immer langsam, da kann kein
Fehler vorkommen," das ist die Losung unter diesen Leuten.
Wer die Fundamente bis zum Eintreffen des Monteurs fertig
haben will, der tut gut daran, die Pläne so rechtzeitig hinauszusenden, daß sie mehrere Monate vor dem Monteur eintreffen.

Verpackung der Maschinen.

Die Verpackung der Maschinen muß den großen Anforderungen des Auf- und Abladens für den Schiffstransport genügen. Wer einmal zugesehen hat, wie diese großen Kisten durch den Schiffskran gehoben werden, dabei gelegentlich gegen eine eiserne Schiffswand schlagen und nicht zu sanft in den Schiffsraum niedergesetzt werden, wird bei der Verpackung seiner Maschinen sehr vorsichtig sein. Durch die Schläge, die die Maschinen oder Maschinenteile erfahren, kann die schönste Einstellung einer Maschine zunichte gemacht und das bestgeschweißte Rohr undicht werden. Für die Verladung auf das Schiff steht gewöhnlich nur ein sehr kurzer Zeitraum zur Verfügung, es ist gar nicht möglich, mit jeder einzelnen Kiste behutsam vorzugehen.

Die beste Verpackung für Maschinen besteht darin, daß man sie in den Kisten unbeweglich befestigt oder umgekehrt, die Maschinen mit unbeweglichen starken Verschlägen versieht. Innerhalb der Kiste sollen dann noch Streben und Verankerungen angebracht sein, um die Befestigung zu unterstützen. Für solche Streben möchte ich sagen, daß dieselben mehr an den schmiedeeisernen Teilen angebracht werden sollen; dadurch ergibt sich eine gewisse Elastizität, wenn die Kiste gestoßen wird. Gußeiserne Teile halten solche Stöße vielfach nicht aus. In die Kiste mitzuverpacken ist, wenn notwendig, eine Anleitung für die Montage und Inbetriebsetzung der Maschine. Diese Anleitung soll mit Abbildungen versehen sein. Amerikanische Firmen packen oft jedem einzelnen Kolli aus Reklamezwecken einen Katalog bei. Jede Kiste soll eine Liste aller darin befindlichen Teile enthalten, eine Art Kopie der in den Fabriken üblichen Stücklisten. Kommt dann einer der Teile zerbrochen an, so kann man diesen Teil telegraphisch nachbestellen, indem man sich auf die Nummer dieses Bestandteiles bezieht. Dies ist für Überseelieferungen sehr wesentlich. Diese Listen haben aber auch den Zweck, daß bei Öffnung der Kisten sofort festgestellt werden kann, ob keiner der Teile auf dem Transport oder bei der Verzollung usw. abhanden gekommen ist. Wenn z. B. eine Maschine ankommt, und es fehlt ein wichtiges Stück der Steuerung, so will man doch vor allem wissen, ob das Stück mitgesandt oder gestohlen wurde.

Das Fehlen dieses Stückes kann sehr unangenehme Konsequenzen für die verkaufende Firma haben, und je rascher man feststellt, wo ein Stück geblieben ist, desto rascher wird man in der Lage sein, es wieder zu bekommen. Eine Zusammenstellung sämtlicher gelieferten Teile hat auch noch separat nach Übersee zu gehen. Nicht zu vergessen ist, daß die oft eigentümliche Verzollung es notwendig macht, unter Umständen eine solche Liste auch dem Zollamte vorzulegen. Wenn man z. B. mit einer elektrischen Anlage zugleich eine Akkumulatorenbatterie einführen will, so kann es sein, daß der Zollbeamte die Verzollung der Glaskästen oder anderer Materialien unter den dafür geltenden Paragraphen verlangt. Wenn man da nicht sagen kann, was der Umfang dieser Detaillieferung ist, so hat man zeitraubende Weiterungen und unter Umständen Einziehung eines nichtentsprechenden Zollbetrages zu erwarten.

Was in die Kisten noch hinein soll, sind bei Arbeitsmaschinen kleine Mengen derjenigen Materialien, die man zuerst zur Inbetriebsetzung braucht. Das läßt sich natürlich nicht bei allen Maschinentypen machen. Was sich jedoch öfter machen läßt und eine angenehme Beigabe ist, ist die Beifügung eines auf der betreffenden Maschine hergestellten Artikels, z. B. für eine Stickmaschine ein Stück damit erzeugter Stickarbeit oder für eine Graviermaschine eine damit erzeugte Gravur.

Montagewerkzeuge.

Wenn die Maschinenfabrik mit den Aufträgen auch die Montage übernommen hat, wird mit den Maschinen das nötige Werkzeugmaterial verschickt. Dieses Material soll entsprechend der Situation, in der die Anlage errichtet werden soll, möglichst vollständig sein. Wer es übernommen hat, irgendeine Fabrik in der Wildnis aufzubauen, der wird auch Baugeräte und Hebezeuge mitschicken usw. Es ist üblich, daß der Fabrikant für die Werkzeuge eine besondere Faktura an den Exporteur erteilt, welche benötigt wird, um die Werkzeuge das Zollamt passieren zu lassen. Es kommt aber auch häufig vor, daß der überseeische Bauherr die gesamten Werkzeuge übernimmt, weil er dieselben während des Baues im Gebrauch gesehen hat und daher weiß, daß er sie auch in Zukunft brauchen wird.

Transport, Versicherung und Verzollung.

Was den Transport und die Versicherung der Maschinen bis zum überseeischen Hafen anbetrifft, habe ich nur zu sagen, daß der Fabrikant die Maschinen bis zum Hafen versichert und der Exporteur vom Hafen bis zum Ort der Aufstellung. Der Exporteur, welcher laufend große Mengen von Gütern nach den überseeischen Plätzen schickt, kann sich dafür billigere Raten beschaffen als der Fabrikant. Endlich erhält der Fabrikant genaue Angaben vom Exporteur über den Spediteur, den Ablieferungskai usw. Es ist unnötig, hier über die vielen Fragen von Transport und Versicherung zu sprechen, da darüber eine ausgedehnte Literatur ohnehin existiert.

Betreffend Verzollung sei der Wink gegeben, daß, wenn ein Teil der Lieferung hoher Verzollung unterliegt und der andere Teil einer niedrigen Verzollung, man diese Teile separat packt; andernfalls wird event. für alles der hohe Zoll erhoben werden. Zuweilen läßt sich auch eine Lieferung in Teilen zu einem geringeren Satze verzollen als die komplette Maschine.

Da bei der Verzollung die Kisten geöffnet werden, so kann dies für feinere Partien an den Maschinen verhängnisvoll sein. Es ist gut, wenn der Maschinenfabrikant für solche Lieferungen dem Exporteur eine kleine Instruktion gibt, wie die Kisten zu öffnen sind, und auf was man sonst bei Entfernung der Verpackung achten soll. Wie oft haben feinere Maschinen und manches Instrument alle Gefahren des Bahn- und Seetransportes gut überstanden und sind durch den Kuli des Zollbeamten ruiniert worden. Dagegen gibt es noch keine Reklamation, man helfe sich also selbst durch Vorsicht.

Forcierung des Exportes.

Die vorhergehenden Ausführungen zeigen, wie das Exportgeschäft von dem Fabrikanten, der darin bisher noch unbewandert war, anzufangen ist. Derjenige Fabrikant, welcher im Laufe der Zeit auf diese Weise Beziehungen zu den verschiedensten Weltteilen bekam, wird jedoch das Bestreben haben, den Export mit allen zur Verfügung stehenden Mitteln zu forcieren und eine dominierende Stellung innerhalb seines Spezialgebietes für den Exportmarkt zu gewinnen. Welches sind die Wege, die er einzuschlagen hat, um dieses große und lohnende Ziel zu erreichen?

Überseeabteilung in Maschinenfabriken.

Der Anfang liegt darin, daß ein Maschinenfabrikant, der die Exporthäuser schnell bedienen will, in seinem Projektenbureau eine Abteilung schafft, die sich nur mit dem Export bzw. Überseegeschäft betätigt. Eine solche Einrichtung weist viele Vorzüge und Annehmlichkeiten für den Verkehr des Fabrikanten mit dem Exporteur auf.

Konservatismus im Exporthandel.

Jedem Exporteur ist es erwünscht, daß die Anfragen, die er an ein technisches Unternehmen stellt, stets in dem gleichen Sinne behandelt werden, auch wenn diese Anfragen ganz verschiedene Fabrikationsabteilungen der Fabrik betreffen. Die große Entfernung zwischen dem Einkäufer hier und dem Verkäufer drüben zwingt den Exporteur zu einem gewissen Konservatismus in der Behandlung seiner Geschäfte. Es gibt viele Fragen, in denen der Verkäufer auf dem überseeischen Platze eine Entscheidung trifft auf Grund des Eindruckes, den er im Laufe der Zeit von dem hiesigen Fabrikanten gewonnen hat. War ein Fabrikant bei vorkommenden Differenzen entgegenkommend, so wird der überseeische Verkäufer ihm gewiß durch Bevorzugung bei späteren Geschäften dankbar sein. Wenn nun aber die Anfragen eines Exporteurs bald von diesem, bald von jenem Herrn im Bureau der Fabrik erledigt werden, die über das Verhältnis zu dem betreffenden Exporteur verschieden denken, kommt es vor, daß dadurch eine Ungleichmäßigkeit und eine gewisse Unsicherheit für die Kalkulation des Übersee-Verkäufers hervorgerufen werden, und das ist nicht angenehm. Selbstverständlich wird sich derjenige Herr, der in dem Exportbureau seiner Fabrik die Angelegenheiten sämtlicher Abteilungen seines Unternehmens für Südamerika den Exporteuren gegenüber vertritt, mit der Zeit über das von ihm bearbeitete Gebiet Kenntnisse sammeln, die seinem Unternehmen zugute kommen. Im Verkehr mit den Exporteuren, von denen ein großer Teil lange Jahre selbst auf dem überseeischen Gebiete gearbeitet hat, erfährt er täglich etwas Interessantes. Mit der Zeit erhält er ein Gefühl für die Beurteilung der geschäftlichen Situation dort drüben, man kann sagen, er wird mit der Zeit ein Spezialist für den Export nach dem von ihm behandelten Gebiete.

Es ist nicht gar zu ausgefallen, wenn man die Exportabteilung eines großen technischen Unternehmens als eine Art Ministerium des Äußeren bezeichnet. Diesem Bureau fallen ja nicht allein die einfachen Kostenanschlag-Ausarbeitungen für die Exporteure und die Kontrakte mit denselben zu, sondern manche wichtigen prinzipiellen Entscheidungen gehen vom Exportbureau aus. Hier sieht man, wie sich in Japan die Konkurrenz der amerikanischen und der englischen Fabriken mit den deutschen abspielt; hier kommt es ans Tageslicht, an welchen Stellen die eigene Verkaufsorganisation schwach ist, und welchen Mängeln der eigenen Konstruktionen abgeholfen werden muß. Es kommt vor, daß sich der Fabrikant für einzelne Exportgebiete mit seinen Konkurrenten über Preise oder gemeinsames Vorgehen einigen will. Alle bezüglichen Erhebungen dafür und Verhandlungen gehen über das Exportbureau.

Die Ingenieure der Überseeabteilung.

Die Anforderungen an die Ingenieure, welche im Exportbureau arbeiten, sind entsprechend höhere als an die sonstigen projektierenden Ingenieure. Sie bilden die Elite des Bureaus. Ein solcher Exportingenieur soll entweder das Land, für welches er arbeiten will, selbst bereist haben oder zumindest die dort herrschende Landessprache oder Handelssprache kennen. Zum mindesten soll jeder von diesen Herren Englisch gelernt haben, mit welcher Sprache man heutzutage in der Technik so gut wie überall auf der Erde durchkommen kann. Der Exportingenieur soll aber auch ein Kaufmann sein. Die vorkommenden kaufmännischen Fragen sind derart mit den technischen verquickt, und das Bild, das sich dem hiesigen Exportingenieur aus den überseeischen Anfragen ergibt, durch die eigentümliche Mischung der fremdländischen und unserer Anschauungen manchmal so verzerrt, daß sich eben nur ein Ingenieur mit kaufmännischem Gefühl und mit guten kaufmännischen Kenntnissen zu bewähren vermag.

Exotische Besucher in Deutschland.

Sprachkundige Herren sind für ein Exportbureau eine gute Akquisition, weil sie fremdländischen Besuchern eine Verhandlung in deren Sprache möglich machen. Über diese Besuche herrschen unter den hiesigen Fabrikanten vielerlei Ansichten vor. Der eine

Fabrikant hat ausgezeichnete Erfahrungen damit gemacht, daß
er fremden Besuchern, z. B. den Japanern, auf jede Weise ent-
gegenkam, den Leuten seine Maschinen genau zeigte, seine Gäste
auf das reichlichste bewirtete und ihnen in ihren privaten Angelegenheiten dienlich war. Andere Fabrikanten haben zu
ihrer Bitternis erfahren müssen, daß die Mühe, die sie sich mit
einem japanischen Besucher gaben, dazu führte, daß dieser sich
nur informierte, um dann in Japan eine Konkurrenzindustrie zu
begründen. Der eine Fabrikant schwärmt für die Japaner, der
andere warnt vor ihnen. Hier gibt es wie in allem einen Mittelweg.
Man kann nicht sagen, daß eine Nation von 52 Millionen Menschen
nur Industriespione nach Europa schickt, ebenso wie man nicht
sagen kann, daß diese Herren sämtlich Ehrenmänner von reinstem
Wasser sind. Worauf es ankommt, ist, daß der Fabrikant einem
Japaner seine Fabrik zeigt, nicht weil es ein Japaner ist, sondern
weil er eine Einführung eines Exporteurs mitbringt, welcher den
betreffenden Herrn von Japan aus persönlich oder durch seine
japanische Filiale kennt und aus geschäftlichen Rücksichten dem
Fabrikanten zugesandt hat. Nur der Exporteur, der Land und
Leute auf dem überseeischen Gebiete kennt, weiß, ob der Besuch
des Japaners im Interesse des Maschinenfabrikanten liegt. Solche
Herren, welche durch Empfehlungen öffentlicher Beamten usw. an
Fabrikanten wegen Besichtigung von Maschinen usw. heran-
treten, kommen meist mehr zu Studienzwecken als zu geschäftlichen Zwecken.

Die Physiognomie der überseeischen Völkerstämme ist so
verschieden von der unserigen, daß es mir nötig erscheint, zu
bemerken, daß man den fremden Besucher niemals nach seinem
Auftreten, das man in Europa unwillkürlich mit europäischem
Maßstabe mißt, beurteilen soll. Ein uns hier klein, unansehnlich
erscheinendes Männchen mit linkischem Gehaben und ausdrucks-
losem Gesicht ist zuweilen in seinem Lande ein mächtiger Herr,
der tausende von Arbeitern beschäftigt. Manchmal kommt dagegen Besuch eines asiatischen Herrn mit elegantem, beinahe
hochfahrendem Auftreten und eleganter Kleidung, derselbe
spricht ein gutes Englisch mit amerikanischem Akzent, der Mann
macht den Eindruck eines geschickten, energischen Kaufmannes,
und wenn wir uns erkundigen, ist es ein Mann, der in seinem Vaterlande als unreell gilt und so ziemlich das ist, was wir hier einen

Hochstapler nennen. Ich will damit sagen, daß man sich hierzulande sehr leicht über die Bedeutung der ausländischen Besucher täuschen kann. Wer sicher gehen will, empfange jeden davon auf das freundlichste und wenn möglich mit großer Gastfreundschaft. Ein Japaner der besseren Klasse wird sich für die ihm erwiesene Aufmerksamkeit stets entweder durch Aufträge oder durch Empfehlung der Firma in seinem Berufskreise zu revanchieren wissen. Ein kalter, förmlicher Empfang, bei dem man den Besucher kurz einlädt, Platz zu nehmen, um ihn zu fragen, welche Bestellungen man von ihm erwarten darf, ein schneller Rundgang durch die Fabrik und ein steifer Abschied wirken auf den die größte Höflichkeit gewöhnten Mann aus dem Lande der aufgehenden Sonne wie ein kalter Schauer. Der Asiate ist, wenn ihm auch das Geschäftliche vor allem das Wichtigste ist, gewöhnt, mit seinem Geschäftsfreunde auf freundschaftlicher Basis zu verkehren. Auch hat er die Gewohnheit, dann erst mit seinen geschäftlichen Absichten herauszurücken, wenn er sich über den Charakter eines ihm zum erstenmal entgegentretenden Mannes klar geworden ist. Es ist durchaus nicht das verwerflichste Mittel der Agitation, einem Besucher, der vielleicht von 15 000 Meilen Entfernung nach einer deutschen Stadt gekommen ist, die Schönheiten und Sehenswürdigkeiten der Stadt zu zeigen und dafür zu sorgen, daß der Mann Gesellschaft hat. Derselbe Mann kommt vielleicht in seinem ganzen Leben nicht wieder auf europäischen Boden, und seine Erlebnisse hier bleiben für ihn ebenso dauernde Erinnerungen, als uns ein Besuch in seinem Lande es sein würde.

Aussendung von Spezialingenieuren.

Wir kehren zur Exportabteilung zurück und zu den Aktionen, welche von ihr ausgehen, um den Export des Unternehmens auf eine breitere Grundlage zu stellen.

Für größere Exportgeschäfte lohnt es sich, daß nach denjenigen Gebieten, welche besonders aussichtsvoll erscheinen, Ingenieure ausgesandt werden. Tatsächlich liegen ja die Verhältnisse auf dem überseeischen Platze so, daß das Exporthaus bzw. Importhaus in verschiedenen Spezialitäten arbeiten muß, um ein großes Geschäft zu machen, ohne in der Lage zu sein, für jeden einzelnen Artikel eine besondere Abteilung mit besonderem Personal einzurichten. Nun handelt es sich aber da draußen um Gebiete, die, wenn sie schon klein sind, oft die Größe des deutschen Reiches haben. So kommt es, daß mit dem vorhandenen Apparat oft die Geschäfte nicht gemacht werden können, die im Bereich der Durchführung lägen. Hier ist nun die Aussendung eines Ingenieurs, der dem Exporthause attachiert wird, das beste Auskunftsmittel. Dieser Ingenieur hat vor allem die Landessprache seines Gebietes zu lernen und sich über die Absatzmöglichkeiten für seine Spezialität zu informieren. Für den Anfang ist dies viel wichtiger als die sofortige Jagd nach Geschäften. Ich kenne Fälle, in denen so ein Ingenieur sich dem langsamen vorsichtigen Gange des asiatischen Geschäftes angepaßt hat, und obgleich er in dem ersten halben Jahre keinen sichtbaren Erfolg hatte, im Laufe der Zeit durch systematisches Arbeiten förmlich ein Monopol für seine Spezialität erzielte. Dagegen habe ich draußen auch Herren gesehen, die gut vorbereitet und mit der besten Eignung hinauskamen und dadurch, daß sie sich dem Ideengang des neuen Gebietes nicht anpassen wollten, sondern sich gegen die langsame Entwicklung der Verhältnisse energisch durchsetzen wollten, nach rund einem Jahre abgearbeitet und durch Erfolglosigkeit enttäuscht nach Hause fuhren. Das Beste, das solch ein Ingenieur, der zum ersten Male nach dem Auslande kommt, tun kann, ist, daß er sich die Ratschläge seiner neuen Kollegen nutzbar macht und nicht nur den Vorteil seiner Fabrik im Auge behält, sondern auch auf ein gutes Einvernehmen zwischen seiner Fabrik und dem Exporthause, dem er beigegeben wurde, hinarbeitet.

Verträge des Exporteurs mit der Fabrik über die Aussendung von Ingenieuren.

Der Vertrag, den der Fabrikant mit dem Exporteur über die Aussendung eines Ingenieurs abzuschließen pflegt, ist praktisch so abzufassen, daß dieser Ingenieur in den Diensten des Fabrikanten verbleibt und ganz oder teilweise auch von ihm bezahlt wird; daß er jedoch, so lange er auf Übersee weilt, dem Leiter des betreffenden Geschäftes subordiniert ist. Der Ingenieur gilt draußen als der sachverständige Berater der eigentlichen Verkäufer. Für manche Spezialmaschinen ist es natürlich nicht notwendig, daß der europäische Ingenieur, der auf dem überseeischen Platze zumindest ein doppeltes Gehalt bezieht, immer an demselben Orte verbleibt; es genügt vollständig, wenn er sich mit der Situation vertraut gemacht hat und einen der ihm beigegebenen Verkäufer oder mehrere davon so genau über den Verkauf und die Aufstellung seiner Maschinen informiert hat, daß seine weitere Anwesenheit an diesem Platze nicht mehr erforderlich wird. Für eine gute Spezialität lohnt es sich jederzeit, von einem Hafen zum andern zu fahren und die Verkäufer des vertretenden Exporthauses für dieselbe zu interessieren und in allen einschlägigen Fragen einzupauken. Der Besuch eines hiesigen Spezialisten ist auch aus dem Grunde angenehm, weil so mancher große Käufer den Besuch des nicht gut informierten und unselbständigen eingeborenen Verkäufers ungern empfängt, dagegen dem Spezialisten sehr entgegen kommt. Der Besuch eines Ingenieurs z. B. an den verschiedenen asiatischen Hafenplätzen ist nicht so kostspielig, als daß er für mittlere Fabriken unerschwinglich wäre. Wenn eine einzelne kleine Fabrik nicht in der Lage ist, einen Mann hinauszusenden, dann werden sich andere kleine Fabriken finden, die zu einer solchen Reise gemeinsam beitragen. Ich glaube, daß selten ein tüchtiger Spezialist für eine leistungsfähige Fabrik eine Reise machte, ohne für seine Firma lohnende Erfolge zu erzielen. Vielfach kommt der Spezialist draußen so ins Geschäft, daß er statt der beabsichtigten kurzen Zeit gleich viele Jahre draußen bleibt.

Ausstattung der nach Übersee gehenden Ingenieure.

Unter einem tüchtigen Spezialisten für Übersee verstehe ich einen Herrn, der jede mit seiner Spezialität, z. B. dem Zuckerfach, zusammenhängende technische und kaufmännische Frage beherrscht. Er muß imstande sein, an Ort und Stelle die nötigen Aufnahmen und Projekte zu machen, und gleichzeitig muß er imstande sein, bei Abschlüssen die Vorteile seiner Firma zu wahren. Da es im Auslande nicht so einfach ist wie hier, sich über den Stand eines Kunden zu informieren und sonstige Erhebungen zu pflegen, benötigt man nun in vieler Hinsicht zum Verkaufen einer Maschinenanlage im Auslande viel mehr Geschick als hierzulande. Ein tüchtiger Spezialist beherrscht natürlich auch die notwendigen Sprachen und versteht es, sich draußen eine entsprechende gesellschaftliche Position zu sichern. Um mit seinem Stammhause rasch verkehren zu können, soll jeder Ingenieur, der nach dem Auslande geht, einen Telegraphencode mit sich führen. Außerdem ist es gut, für Fälle, in denen rasche Entschließung über die die Fabrik betreffenden Geschäfte nötig wird und die Unterschrift der Firma im Auslande verlangt wird, dem Ingenieur eine Vollmacht mitzugeben. Diese Vollmacht soll sowohl notariell als auch von der Vertretung des überseeischen Staates in Deutschland, z. B. der japanischen Gesandtschaft in Berlin, beglaubigt sein. Es ist vielleicht eine Kleinigkeit, die aber nicht vergessen werden soll, auf die ich noch hinweisen will. Der Ingenieur bleibt unter Umständen eine lange Zeit im Auslande, und da es erwünscht ist, daß die Offerten und Briefe, die er aussendet, zumindest denen seines Stammhauses ähnlich sind, so empfehle ich das Mitnehmen einer reichlichen Menge aller in Betracht kommenden Drucksachen, Briefpapiere und sonstigen Formulare. Ein vorsichtiger Ingenieur wird sich auch ein oder das andere Nachschlagewerk, das sich mit seinem Spezialfach befaßt, mitnehmen, trotzdem er sich in seinem Fache sicher fühlen mag; denn er hat zu erwarten, daß ihm außer den in Deutschland üblichen Anforderungen ganz neue Probleme gestellt werden, die von Grund auf gelöst werden müssen. Es ist dann immer gut, wenn man alle bezüglichen Formeln bei sich hat. Daß ein Ingenieur sich seine „Hütte" und ein entsprechendes technisches Wörterbuch (Englisch-Deutsch) usw. mitnehmen wird, ist selbstverständlich.

Die Exportagentur.

Wir gingen davon aus, daß das Exportbureau einer großen Fabrik verschiedene Mittel hat, um das Überseegeschäft auf eine breite Grundlage zu bringen. Zu diesen Maßnahmen zählt die Ernennung von Exportagenten oder Errichtung von Exportagenturen an den Hauptplätzen des Überseegeschäftes, z. B. Hamburg, London, Marseille usw.

Die Exportagentur soll vor allem den Verkehr zwischen dem Exporteur und der Maschinenfabrik erleichtern. Sobald ein Exporteur von seinen überseeischen Freunden eine telegraphische Anfrage oder Bestellung erhielt, ist es ihm sehr erwünscht, wenn er telephonisch den an seinem Platze ansässigen Exportvertreter der Fabrik zu sich bitten kann, um ihm das neue Geschäft mündlich vorzulegen. Der Exportvertreter ist dann oft schon innerhalb einer Stunde in der Lage, sich mit seiner

Fabrik telephonisch oder telegraphisch ins Einvernehmen zu setzen, und durch das Vorhandensein dieses Vermittlers ist es oft schon am selben Tage dem Exporteur möglich, nach Übersee zurück zu telegraphieren, was die Maschine kostet, wann sie geliefert werden kann, oder bereits die Bestellung zu bestätigen. Wie der Fall auch liegen mag, die Exportagentur dient zur Beschleunigung des Geschäftsganges. Stellen wir uns dagegen vor, daß der Exporteur, der vielleicht technisch wenig informiert ist, über eine einlangende etwas kompliziertere technische Angelegenheit mit dem Fabrikanten lange korrespondieren muß, wodurch ihm das Geschäft verloren gehen kann, so finden wir es begreiflich, daß der Exporteur in technischen Dingen stets eine Firma bevorzugen wird, welche eine Exportagentur an seinem Platze unterhält.

Der Exportagent ist jedoch nicht nur der kaufmännische Vermittler des Geschäftes, er muß in technischen Dingen eine Art Konsultingingenieur für den Exporteur sein. Wie wir wissen, kommen die Anfragen oft so verstümmelt ein, daß es der Sachkenntnis eines mit den einschlägigen Fragen wohlvertrauten Mannes bedarf, um dem Exporteur zu sagen, wie diese Anfragen am zweckmäßigsten zu erledigen sind. Die Vielgestaltigkeit des Exportgeschäftes bringt es mit sich, daß der Exporteur unter Umständen ein Geschäft für die Errichtung einer Spezialfabrik auf überseeischem Gebiete zu erledigen hat, trotzdem er noch nie gehört hatte, daß es überhaupt eine solche Spezialfabrikation gibt. In solchen Fällen frägt der Exporteur den Exportagenten um Belehrung und Rat, und der Exportagent bekommt in gewissem Sinne die Direktion für dieses Geschäft in die Hand. Für den Maschinenfabrikanten ist es daher von großer Wichtigkeit, daß sein Exportvertreter die ihm anvertraute Spezialität beherrscht. Es ist direkt eine Notwendigkeit, daß entweder der Exportvertreter selbst oder einer seiner Bevollmächtigten in der Fabrik mit allen einschlägigen Einzelheiten vertraut gemacht werden.

Dem Exportagenten fällt schließlich eine vermittelnde Tätigkeit zwischen dem Exporteur und dem Fabrikanten zu, sobald im Auslande eine Lieferung des Fabrikanten beanstandet wurde. Die Erledigung solcher Differenzen braucht sehr viel Takt seitens des Exportagenten. Er wird manchmal nachgeben, wo er rechtlich zum Nachgeben nicht gezwungen werden könnte, und er wird wissen, wie er den Schaden für seine Fabrik bei zukünftigen Geschäften hereinbringen kann. Ich möchte sagen, daß eine große Zahl von Prozessen, die sich durch die Verschiedenheit der Anschauungen über die vorkommenden Rechtsfragen zwischen den Fabrikanten und den Exporteuren ergeben würden, durch die vermittelnde Tätigkeit der Exportagenten zum Vorteil aller Parteien vermieden werden können.

Aus solchen Gründen wird der Exportagent mit der Zeit eine Art Vertrauter der Exporteure, den diese nur, wenn zwingende Gründe vorliegen, wechseln. Dafür spricht noch ein anderer Grund. Es kann vorkommen, daß dieselbe Anfrage für eine Maschinenlieferung gleichzeitig mehreren Exporteuren desselben Platzes zugeht, und da der Auftrag doch nur an eine Firma erteilt werden kann, so ist es auch hier der Exportagent, der das Geschäft so leiten muß, daß diejenige Firma, die das Geschäft angeregt und sich bisher dafür bemüht hat, das Geschäft in Händen behält. Nur ein auf dem Platze gut eingearbeiteter Exportagent wird dem Fabrikanten sagen können, was zu tun ist, wenn der Fabrikant gleichzeitig von 10 Seiten Anfragen für dieselbe Lieferung bekommt. Regierungslieferungen z. B. werden nach öffentlicher Ausschreibung vergeben, und wenn der Name des Fabrikanten durch die Bemühungen seines Exportvertreters darin genannt ist, dann suchen auf einmal so und so viele überseeische Firmen, die sich bisher um den Fabrikanten nie bemüht hatten, mit ihm in Verbindung zu kommen und verlangen schlankweg für die erste Anfrage die billigsten Vertreterpreise. Es ist selbstverständlich, daß für solche Geschäfte dasjenige Exporthaus, das den Fabrikanten auf die Lieferantenliste für Regierungslieferungen gebracht hat, in jeder Weise von dem Fabrikanten geschützt werden muß. In manchen Fällen ist es besser, an die anderen Exporthäuser überhaupt keine Offerte abzugeben, in anderen ist es vorteilhafter, ihnen ebenfalls Angebote zu machen, jedoch mit erhöhten Preisen. In diesen Preisen ist dann eine Entschädigung für den dem Fabrikanten nahestehenden Exporteur eingeschlossen für den Fall, daß es seiner Konkurrenz gelingen sollte, ihm den Auftrag wegzuschnappen. Über alles, was da zu geschehen hat, wird der Fabrikant gut tun, sich mit seinem Exportvertreter zu beraten.

Auswahl der Exportagenten.

Wie aus dem Vorhergehenden zu sehen ist, sind die Anforderungen an einen Erxportagenten sehr hoch, und daraus ergibt sich auch, was für eine Persönlichkeit dem Fabrikanten am dienlichsten sein kann. Der reine Techniker wird in vielen kaufmännischen Fragen versagen, der reine Kaufmann wird sich ebenfalls nicht bewähren, weil er durch die Unkenntnis der technischen Grundlage des Geschäftes zu unselbständig ist. Ein technisch und kommerziell gebildeter Mann, der nach dem Exportplatze gesandt wird, um eine Exportagentur einzurichten, wird, wenn er nicht schon langjährige Bekanntschaften an dem Orte hat, auch nicht recht voran kommen. Die Lösung der Exportvertreterfrage bleibt für einen im Export neuen Fabrikanten die, daß wenn er selbst auch den Exporteuren unbekannt ist, wenigstens sein Exportvertreter ein gern gesehener Mann ist. Ich habe wiederholt beobachtet, daß kleine Firmen, die es verstanden, sich gute Exportvertreter zu sichern, ein sehr nettes Exportgeschäft machen, während manche große Firma durch ihre schlechte Vertretung im Export überhaupt nicht voran kommt. Wie wenig heute noch Maschinenfabriken auf die richtige Exportvertretung halten, geht schon daraus hervor, daß mehrfach ein Exportagent auf seiner Besuchskarte sich als Vertreter einer Dampfmaschinenfabrik von gutem Namen, einer Damenblusenfabrik von gutem Namen, eine Stickereigarnfabrik usw. bezeichnet. Ein solcher Vertreter, so ein ehrenwerter Mann er auch sein mag, ist nicht imstande, auch nur die einfachsten technischen Fragen zu beantworten, er beschränkt sich gewöhnlich nur darauf, Anfragen zu erbitten, um sie der betreffenden Fabrik zur Beantwortung einzusenden. Einmal hatte ich den Besuch eines Exportagenten, der so viele Vertretungen hatte, daß er sich die verschiedenen Artikel nicht mehr merken konnte, und deshalb ein nach Anfangsbuchstaben registriertes Buch gebrauchte, um zu dem betreffenden Artikel seinen Fabrikanten zu finden. Man sollte derartige Verhältnisse nicht für möglich halten!

Demjenigen Fabrikanten, der als Exportvertreter einen tüchtigen, eingeführten, jedoch nur kaufmännisch gebildeten Vertreter bekommen kann, rate ich dennoch zuzugreifen. Daß dieser Vertreter technisch nicht auf der Höhe ist, muß jedoch ausgeglichen werden, indem man ihm einen Ingenieur zur Ver-

fügung stellt. Firmen, die so arbeiten, werden im Laufe der Zeit
auf ihre Rechnung kommen.

Export ohne Exportagenten.

Für ganz verkehrt halte ich das Bestreben mancher Fabriken,
ohne Exportvertreter zu arbeiten, um die Provision des Vertreters
zu ersparen. Ist der Artikel schlecht, dann muß der Fabrikant
froh sein, wenn er überhaupt einen Exportvertreter bekommt;
ist der Artikel gut, so wird ein tüchtiger Exportvertreter immer
vielmehr Geschäfte machen, als der Fabrikant direkt mit den
Exporteuren machen könnte. Dadurch bringt aber der Exportvertreter wieder die Vertretungsprovision dem Fabrikanten reichlich ein. Die englischen Firmen, die das Exportgeschäft länger
betreiben als die deutschen, legen den größten Wert darauf, sich
gute Vertreter zu beschaffen und dieselben in jeder Weise zu
schützen. Dies spricht am besten für meine Behauptung.

Alles Vorhergesagte gibt nur die Verhältnisse wieder, wie sie
heute sich in dem normalen Exportgeschäfte vorfinden, oder wie
sie für ein solches Geschäft ausgestaltet werden können. Es gibt
jedoch Fälle, in denen jede der aufgestellten Regeln Gültigkeit
einbüßt; wir wollen einige solcher anormalen Fälle des näheren
betrachten.

Einrichtung eigner Filialen seitens der Fabriken auf über-
seeischen Plätzen.

Angenommen, eine Fabriksfirma ist so bedeutend, daß sie
auf den überseeischen Plätzen eigene Filialen vollständig unabhängig von den Exporteuren einrichten kann. Dann ist es klar,
daß sich die Verkaufsweise für den Export sehr verändert. Der
Fabrikant hat es da nicht mehr notwendig, nur durch die Vermittlung der europäischen Niederlassungen der Exporteure Aufträge zu suchen, sondern er kann auf dem überseeischen Gebiete
sich eine Verkaufsorganisation schaffen ähnlich derjenigen,
die er in den europäischen Staaten besitzt. Einige Unterschiede
bzw. nötige Rücksichten auf die Exporteure zeigen sich aber auch
da. Die ausländischen Vertreter für hiesige Exporthäuser halten
doch in Wirklichkeit, als Gesamtheit genommen, die Vertretungen
sämtlicher großen Konkurrenten des Fabrikanten in Händen,

und da es nie gerne gesehen wird, daß sich ein Fabrikant von den
Exporteuren emanzipiert, so ist das mit ein Grund, ihm scharfe
Konkurrenz zu machen. Aus dieser Überlegung ist es gut, wenn der
direkte überseeische Vertreter der Fabrik in jeder Weise sucht,
die vorkommenden Geschäfte durch die Hände der Exporteure
zu leiten und den Exporteuren entsprechend höhere Rabatte
bewilligt als den Konsumenten. Durch diese Rücksicht wird sich
die Niederlassung des hiesigen Fabrikanten natürlich nicht hindern
lassen, auf das energischste den zugewiesenen Markt zu bearbeiten.
Aus dem Grundsatze heraus, daß, wer von den Exporteuren nicht
mit dem Fabrikanten ist, gegen ihn ist, machen Fabriksunter-
nehmungen, trotzdem sie ihre eigene Filiale auf dem überseeischen
Platze haben, für dieselben maschinellen Anlagen, die bei ihnen
direkt angefragt wurden, trotzdem den Exporteuren Offerte.
Das erscheint auf den ersten Blick als ein Widerspruch, in Wirklichkeit ist es aber so, daß eines von diesen Exporthäusren zu dem
betreffenden Kunden intime Beziehungen haben kann, zufolge
deren der Kunde seinen Bedarf auf jeden Fall nur durch dies
Exporthaus decken wird. Macht der Fabrikant in einem solchen
Falle dem Exporteur kein Angebot, dann wird der Exporteur es
verstehen, dem Kunden ein Konkurrenzfabrikat zu verkaufen.

Die Fabriken haben außerdem ein großes Interesse daran,
Aufträge durch die Exporteure zu bekommen, weil sie dadurch
statt der Bestellung eines Eingeborenen mit den damit verbunde-
nen Schikanen den Auftrag eines europäischen Hauses bekommen.
Dies aber ist eine außerordentliche Annehmlichkeit. Zuweilen
sind die Aufträge so groß, daß der Kunde von der ihm liefernden
Firma eine Finanzierung oder zumindest große Kredite verlangt,
und auch für diese Fälle ist es dem Fabrikanten sehr erwünscht,
wenn ein großes Exporthaus das Delkredere übernimmt.

Direktes Arbeiten mit Eingeborenen durch Reisende.

Ein anderer von dem gewöhnlichen Exportgeschäfte ab-
weichender Fall ist es, wenn der Fabrikant unabhängig von
den Exporteuren durch Reisende direkt an die überseeischen
Kunden herantritt. Solch ein Reisender, mit gutem Propaganda-
material ausgestattet, wenn möglich mit einer Mustermaschine
oder mit einem Modell, wird von den Eingeborenen immer gern
gesehen. Einmal weil die Eingeborenen das Gefühl haben, daß

es besser für sie sein würde, wenn sie mit dem Fabrikanten direkt Geschäfte machen könnten, und dann, weil sie von solch einem Reisenden immer etwas Neues erfahren. Aber auch in diesem Falle muß der Fabrikant fast immer auf den Exporteur zurückkommen. Die Bestellung des Eingeborenen an den Reisenden ist in Wirklichkeit ein wenig wertvolles Dokument, weil der Fabrikant so gut wie gar nicht in der Lage ist, auf die große Entfernung hin und zufolge der eigentümlichen Gesetzgebung des exotischen Staates auf Erfüllung des Kontraktes zu drängen, wenn der Kunde die Ware nicht abnehmen will. Auch wenn sich nur Anstände bei der Ablieferung zeigen, wird der Fabrikant sich sehr großen Schwierigkeiten gegenübersehen. Der Reisende weiß das natürlich, und um sich sicherzustellen, übergibt er den Auftrag des Kunden einem Exporthause zur Erledigung. Das Exporthaus übernimmt die Ablieferung der Ware und die Eintreibung der Gelder und bezieht dafür eine entsprechende Kommission. Diese Art Geschäfte im Auslande zu betreiben, ist speziell seitens amerikanischer Firmen üblich. Tatsächlich erzielt die Fabrik dabei bessere Preise, als wenn sie zunächst an den Exporteur verkauft hätte, und sie erzielt auch einen größeren Umsatz. Demgegenüber stehen die Kosten eines solchen Reisenden, die Kabelspesen usw. Die Unkosten eines solchen Reisenden sind mit 20—25 000 M jährlich nicht zu hoch gegriffen.

Ausnahmefälle.

Zum Schlusse wollen wir den Fall betrachten, daß eine schon lange Jahre exportierende Fabrik in dem Bewußtsein, etwas ganz Ausgezeichnetes und Preiswertes zu liefern, sich an sämtliche Exporteure gleichzeitig wendet. Der Erfolg ist dabei ein ganz merkwürdiger. Da besonders gewinnbringende Artikel von den Exporteuren immer gesucht werden, wird jeder Exporteur sofort nach seiner überseeischen Filiale schreiben und jeder überseeische Filialleiter wird seine Leute hinter den neuen epochemachenden Artikel hetzen. Tatsächlich ergibt sich dadurch für den Fabrikanten für den Anfang ein gutes Geschäft; es dauert aber nicht gar zu lange, daß der Artikel durch die gegenseitige Konkurrenz der Exporteure im Preise so gedrückt wird, daß es ihnen keinen Anreiz bietet, sich mit dem Artikel zu beschäftigen. Es gibt gewisse Artikel, die ganz ausgezeichnete Waren sind,

und für die der Exporteur doch jede Order ablehnt, weil daran
nichts zu verdienen ist. Ich möchte den Weg, den eine Ware
durch die Hände der verschiedenen Käufer und Verkäufer bis zu
dem eigentlichen Konsumenten macht, mit einem Strome und
die Höhe des Gewinnes, in den sich die verschiedenen vermittelnden
Faktoren teilen, mit dem Gefälle des Stromes vergleichen, das
den Strom treibt. Je höher der Gewinn, desto schneller wird
verkauft werden. Wo die Triebkraft, d. h. der Gewinn aufhört,
hört auch der Strom zu fließen auf.

Wie sich die Geschäfte auf den überseeischen Plätzen abspielen.

Hiermit schließe ich meine Betrachtungen über das Exportgeschäft, soweit als es sich um den europäischen Teil desselben
handelt. Um die Kenntnisse der daran interessierten Kreise zu
vertiefen, habe ich in dem folgenden Teile meines Buches unter-
nommen, die Verhältnisse zu schildern, wie sie sich auf den überseeischen Plätzen finden. Ich denke mir, daß nicht jeder, der hierzulande mit dem Export zu tun bekommt, eine Reise nach dem
Auslande unternehmen kann. Wie oft höre ich von Fabriks-
besitzern reiferen Alters: „Ja wenn ich noch jung wäre und nicht
für meine Familie zu sorgen hätte, würde ich sofort hinausgehen.“
Meine Schilderungen sollen den Lesern ein Bild von dem geben,
was sie vielleicht gerne mit eigenen Augen gesehen hätten. Ich
werde über japanische Verhältnisse erzählen, weil ich in Japan
mehrere Jahre lang tätig war, außerdem weil ich glaube, daß
Japan als Absatzgebiet für die deutsche Maschinenindustrie
besonders interessant ist.

Japan als Beispiel.

Sehen wir uns einmal mit dem Auge des Neuankommenden
an, wie Japan aussieht; denn wenn man sich bereits etwas ein-
gehender mit den Japanern befaßt hat, verliert man zu leicht
die Objektivität. Ich will hier nicht eine Land- und Völkerkunde
abschreiben, sondern nur das für uns Wichtigste herausgreifen.

Japan, mit ca. 52 Millionen Einwohnern, ist ein Inselreich
von stark vulkanischem Charakter, zufolge der großen Breiten-
ausdehnung im Norden mit dem Klima Schwedens und im Süden
mit dem Klima Süditaliens. Formosa, welches den Japanern

gehört, hat sogar ein direkt tropisches Klima. Der vulkanische Charakter des Landes bzw. die häufigen, mitunter sehr starken Erdbeben zwingen die Bevölkerung, die Gebäude erdbebensicher anzulegen. Die Städte, von denen Tokio und Osaka die größten sind, bestehen deshalb zum allergrößten Teile aus kleinen Holzhäusern. Der Rest ist mit einer Kombination von Holz und Stein hergestellt. Das Holz soll die nötige Elastizität im Falle von Erdbeben geben. In neuester Zeit fängt man an, statt des Holzes Eisenkonstruktionen zu verwenden. So wie diese Städte heute aussehen, machen sie bis auf einige Straßen, die durch Baumalleen verschönert wurden, für den Europäer einen recht dürftigen Eindruck. Unwillkürlich hat der Neuangekommene das Gefühl, daß die Japaner zurückgeblieben und zu ärmlich sind, um Besseres zu unternehmen. Dies ist jedoch nur der erste Punkt, in welchem der ankommende Europäer sich täuscht.

Die japanischen Hafenplätze.

Die eigentlichen Hafenplätze, Yokohama und Kobe, in denen die Fremden ihre Niederlassungen haben, sehen entsprechend europäisch aus. Hier gibt es je eine Anzahl regulärer Straßen, in denen abwechselnd ein Geschäftshaus und ein Lagerhaus stehen. In früheren Zeiten war es der Sicherheit wegen notwendig, das Lagerhaus in der Nähe zu haben, und diese Bauweise hat sich bis heute erhalten. Die Kaufleute haben dadurch auch den Vorteil, daß ihnen die Konkurrenz nicht ins Lager kommen kann, was bei einem gemeinsamen öffentlichen Lagerhause nicht ausgeschlossen sein würde. Die Fremden haben sich in den Hafenstädten komfortable Wohnhäuser gebaut. So ist z. B. der hinter dem Hafen von Yokohama liegende Berg, der sogenannte „Bluff", vollständig mit schönen villenartigen Wohnhäusern bebaut.

Reichtum an Naturprodukten.

Jeden Ingenieuur interessiert es, wenn er ein neues Land betritt, zu wissen, welche Naturprodukte und Naturkräfte das Land zur Verfügung hat. Hier sei gesagt, daß von Brennstoffen Japan Kohlen mittlerer Qualität besitzt und in immer steigendem Maße produziert, daß aber trotzdem für Schiffsbetrieb und für

Gasgeneratoren englische Kohlen in großer Menge importiert werden. Außerdem hat Japan bedeutende Petroleumfelder. Für Japans industrielle Leistungsfähigkeit besonders wichtig sind die im Lande vorhandenen unzähligen Wasserkräfte. Es existieren bereits Hunderte von Turbinenbetrieben, und die Japaner gehen daran, Zentralstationen größten Umfanges für die Fernübertragung elektrischer Energie von den großen Wasserfällen aus einzurichten.

Japan hat große Kupfervorkommen, dagegen hat es verhältnismäßig wenig Eisen. Die vorkommenden Funde von Gold und einer Reihe von Halbedelmetallen seien der Vollständigkeit halber erwähnt.

Der Verkehr im Lande geschieht über ein Netz von Eisenbahnen, die mit Speise- und Schlafwagen ausgestattet sind wie die unsrigen. In vielen Städten gibt es bereits elektrische Bahnen, außerdem existiert zwischen Yokohama und Tokio eine elektrische Schnellbahn. Der größte Teil des Massentransportes geschieht natürlicherweise auf dem Schiffahrtswege. Japan verfügt denn auch über eine große Handelsflotte und sehr tüchtige Seeleute.

Technische Fertigkeit der Japaner.

Neben seinem sichtbaren Reichtum hat Japan ein unsichtbares Kapital in der ungewöhnlichen Geschicklichkeit bzw. Handfertigkeit seiner Bewohner. Ich erkläre diese damit, daß die Leute nicht mit einer Feder, sondern mit einem Pinsel schreiben und von Kindheit an mit der Erlernung der Schriftzeichen, von denen es ca. 60 000 gibt, Auge und Hand üben. Es ist beinahe jeder kleine Junge imstande, aus freier Hand ein Porträt oder, besser gesagt, eine Karikatur einer Person zu machen. Selbstverständlich spielt für die technische Begabung der Japaner die ihnen innewohnende Vorliebe für alles Technische und ihre gleichzeitige ausgezeichnete Beobachtungsgabe für die Vorkommnisse in der Natur eine große Rolle. Diese Veranlagung der Japaner bringt es mit sich, daß ein japanischer Junge von 14 Jahren nach kurzer Übung in einer technischen Arbeit die Geschicklichkeit eines europäischen richtig ausgelernten erwachsenen Arbeiters erlangt. Ich sehe in der großen Eignung der Japaner für industrielle Arbeit eine viel größere Gefahr für den europäischen Arbeiter als in den in Japan noch vorherr-

schenden billigen Arbeitslöhnen. Um dem Leser auch darüber
ein Bild zu geben, will ich erwähnen, daß ein Maschinenschlosser
pro Tag ca. 1,00 M bis 1,50 M verdient und eine Wäschenäherin
50 bis 60 Pfennige. Der Japaner lebt sehr billig, kleidet sich
billig und wohnt so anspruchslos, daß relativ genommen, diese
Löhne weit höher über dem Minimalexistenzlohn stehen als die
Löhne, die hierzulande gezahlt werden. Um die Bedürfnis-
losigkeit der japanischen niederen Klassen zu beschreiben, brauche
ich nur zu sagen, daß Kleidung, wenn notwendig, auch schon für
den Betrag von 2,00 bis 3,00 M zu beschaffen ist; Schuhe aus
Holz gearbeitet kosten ca. 50 Pf. das Paar. Ein kleines Holz-
häuschen, besser gesagt eine Holzhütte, kostet 100 bis 200 M.
Der Reis und die Gemüse, die die Arbeiter hauptsächlich essen,
kosten täglich 10 bis 20 Pf. pro Mann. So kann man es sich erklären, daß mancher Arbeiter, der monatlich 30 M verdient,
davon noch Frau und Kinder ernährt. Ich will damit nicht
gesagt haben, daß die Japaner durchaus so frugal leben bzw.
leben müssen. Es gibt auch sehr viel Luxus in Japan. Beweis
dafür sind die großen Juweliergeschäfte und teueren japanischen
Teehäuser. Es gibt auch Japaner, die direkt verschwenderisch
leben, und Muttersöhnchen, die das schwer erworbene Vermögen
ihres Vaters aufzubrauchen wissen, genau wie man es bei uns
beobachten kann.

Von den Menschen, denen der fremde Ingenieur in Japan
begegnet, interessieren ihn in der Hauptsache diejenigen, von
denen er einmal Geschäfte zu erwarten hat, und dies sind vor allem
Personen, die der japanischen Industrie angehören.

Die japanische Industrie.

In Japan ist bereits so gut wie jeder Industriezweig ver-
treten. Es sind da große Werften und Arsenale, Hüttenwerke,
Maschinenfabriken, elektrotechnische Anstalten, Metallwaren-
fabriken, chemische Fabriken jeder Art, Zuckerfabriken und
Brauereien, Gummifabriken, Papierfabriken, Tabakfabriken, Eis-
fabriken usw. Dazu kommen eine Reihe von Spezialfabriken,
z. B. für wissenschaftliche Instrumente, photographische Apparate,
Röntgenröhren, drahtlose Telegraphieapparate usw. In einem
Winkel von Tokio fand ich eine Fabrik für Karlsbader Oblaten.
Man kann ruhig sagen, es gibt keinen Artikel, der heute nach

Japan importiert wird, der nicht in der einen oder anderen Weise in Japan bereits nachgemacht wird. Das Bestreben, den Markt durch heimische Erzeugnisse zu versorgen, wird sich noch steigern nach Einführung des neuen Zolltarifes im Jahre 1911, welcher höhere Einfuhrzölle vorschreibt, so daß die einheimische Fabrikation noch lohnender sein wird, als sie jetzt schon ist. Um jedoch nur alle die Artikel anzuführen, für die Japan heute schon kleinere oder größere Fabriken besitzt, würde man ein Warenverzeichnis brauchen.

Die Industrie in Japan hat dadurch, daß ihr die großen asiatischen Absatzgebiete Korea, China und Mandschurei und Britisch-Indien zugänglich sind, eine bedeutende Zukunft für alle Artikel, die wir heute nach diesen Gebieten exportieren. Der Asiate verkauft dem Asiaten unter sonst gleichen Bedingungen leichter als der Europäer dem Asiaten. Heute liegen allerdings die Verhältnisse noch so, daß die Konkurrenz der japanischen Fabrikate nur in sehr wenigen Branchen gefährlich ist. Die Mehrzahl der japanischen Fabriken leidet heute noch an dem Mangel ungenügender Erfahrung und zugleich an Kapitalsmangel. Außerdem bestehen gewöhnlich für einen Artikel, für welchen Deutschland eine große Zahl guter Fabriken besitzt, in Japan nur eine oder zwei kleine Fabriken. Ich glaube, es wird noch mindestens 15 bis 25 Jahre brauchen, bis die japanische Industrie in Leistungsfähigkeit den heutigen Standpunkt der deutschen Industrie erreicht haben wird. Ich erwähne dies aus dem Grunde, weil hieraus der deutsche Maschinenfabrikant sehen kann, daß er in Japan zumindest für diese Zeit auf Absatz rechnen kann.

Der Maschinenexport im Verhältnis zum Warenexport.

Aus naheliegenden Gründen machen die heimischen Industriellen den Maschinenfabrikanten den Vorwurf, daß durch die Lieferung der Maschinen nach Japan das Importgeschäft nach Japan zurückgehen müsse. Ich möchte diesem Vorwurf damit entgegentreten, daß einmal, wenn deutsche Fabriken ihre Maschinen nicht nach Japan senden würden, die Japaner ihre Maschinen nach wie vor von England und Amerika kaufen werden. Den starken Trieb Japans für die Entwicklung seiner Industrie wird man mit keinem Mittel aufhalten können. Und wenn schon dies der Fall ist, dann ist es besser, Deutschland bekommt das

Maschinengeschäft, als wenn es nach einem anderen Staate geht. Gleichzeitig weise ich aber darauf hin, daß manche nach Japan gebrachte Industrie den Import von Waren nach Japan nicht vermindert, sondern erhöht. Die Anlage von elektrotechnischen Fabriken in Japan hat erst die Verwendung von Elektrizität in Japan populär gemacht, und es hat sich dadurch, da die vorhandenen Fabriken relativ klein sind und nur einfache Maschinen in beschränkter Menge erzeugen können, der Import in elektrotechnischen Maschinen bedeutend gehoben. Außerdem brauchen die japanischen Fabriken eine ganze Menge von Halbmaterialien, die vor ihrer Errichtung nach Japan noch nicht eingeführt wurden. Ich möchte sagen, daß die Entwicklung von Industrien in Japan nur dann für die Importeure unangenehm ist, wenn damit ein in Japan vorkommendes Naturprodukt in ein Fertigprodukt verwandelt wird, das früher importiert werden mußte. So hat z. B. die Entwicklung der Zementindustrie in Japan das Importgeschäft in Zement sehr beeinträchtigt.

Der kleine Fabrikant.

Die Typen der japanischen Fabrikanten sind untereinander sehr verschieden. Ein großer Teil davon hat sich aus dem Arbeiterstande zum Fabrikanten hinaufgearbeitet. Speziell ist dies z. B. in der elektrischen Industrie der Fall. Der Gewinn, den heute noch ein geschickter Arbeiter erzielen kann, indem er eine importierte Ware nachmacht, ist prozentuell so hoch und die Kapitalerfordernisse für die erste primitive Fabrikation relativ so klein, daß Geldgeber leicht zu finden sind. Zu einem der Importware gegenüber billigeren Preise kann der Japaner unter seinen Landsleuten auch den größten Schund verkaufen. Er hat alles in allem Gelegenheit, so klein als irgend möglich anzufangen und wenn das Geschäft geht, schafft er sich nach und nach Maschinen an, stellt sich sachkundige Ingenieure oder Chemiker an und wird mit der Zeit ein großer Herr. Ich kenne einen Druckereibesitzer, welcher noch vor 8 Jahren ein Vorarbeiter war und sich dann mit der kleinsten Druckereieinrichtung selbständig machte. Dieser Mann kauft zurzeit monatlich für 10 — 15 000 M Maschinen. Solche Fälle sind gar nicht vereinzelt. Es muß gesagt werden, daß diese Fabrikanten vielfach durch die Kredite, die ihnen von den Importeuren eingeräumt werden, eine sehr starke Unterstützung finden. Mancher Fabrikant arbeitet förmlich nur mit dem Gelde, das ihm der Importeur durch Stundung der Zahlungen für gelieferte Waren leiht. In Deutschland sind kleine Fabrikanfänge viel schwieriger gemacht. Die Großindustrie hat meist die Preise schon so verbilligt, daß der kleine Mann überhaupt nicht mitkommen könnte.

Es ist interessant, in die Werkstatt eines kleinen Fabrikanten einzutreten. Man wird zunächst nur in sein sogenanntes Kontor geführt werden, denn er schämt sich entweder, einem Fremden seine primitive Fabriksanlage zu zeigen, oder er glaubt, daß man gekommen ist, um seine Fabrikationsgeheimnisse zu erfahren. Solch ein Kontor stelle man sich vor als eine Abteilung des Fabrikschuppens, ausgerüstet mit einem primitiven Tisch, ein paar Stühlen und einem kleinen Regal, in welchem die Geschäftsbücher untergebracht sind. Alles so dürftig als nur möglich. So reinlich nämlich die Japaner in ihren Privatwohnungen sind, so unglaublich wenig Wert legen sie auf das Äußere ihres Geschäftes im allgemeinen. In den kleinen Fabriken ist der Chef sein bester Arbeiter selbst. Wir erklären dem Fabrikanten, daß wir in der Lage sind, ihm Maschinen zu liefern, mit denen er seine Fabrikation günstiger gestalten kann, und wenn wir einen Japaner mit uns haben, der dem Fabrikanten bekannt ist und gewissermaßen dafür garantiert, daß wir in guter Absicht gekommen sind, bekommen wir auch die Fabrik zu sehen. Die Fabrik macht immer einen besseren Eindruck als das Kontor, wenngleich auch da eine große Unordnung herrscht, und die Maschinen nicht so zweckentsprechend aufgestellt sind wie in unseren Fabriken. Es ist eben alles so primitiv gemacht als nur möglich, von dem holperigen Fußboden angefangen bis zur Befestigung der Transmissionen an dem Holzdache. Dies alles spricht natürlich nicht dagegen, daß auch mit einem so kleinen Fabrikanten ein gutes Maschinengeschäft gemacht werden kann. Die Leute sind für technische Neuerungen äußerst empfänglich und haben direkt eine Vorliebe für das Maschinelle.

Der kleine Fabrikant, auch wenn er schon zu etwas Vermögen gekommen ist, bleibt bei seiner frugalen Lebensweise und alles was er erübrigen kann, verwendet er zur Verbesserung seiner maschinellen Anlagen. Der kleine Fabrikant interessiert uns jedoch nicht nur als direkter Kunde von Maschinen, er wird in vielen Fällen der Vermittler oder Wiederverkäufer. Andererseits ist der kleine Fabrikant, der in der Mehrzahl der Fälle Europa oder Amerika noch nicht gesehen hat, nicht so verwöhnt wie seine großen Kollegen, und daher kann der Importeur mit ihm leichter fertig werden. Das Geschäft mit dem kleinen Fabrikanten kann man als eines der wichtigsten Teile des Maschinengeschäftes ansehen. Unter den kleinen Fabrikanten gibt es recht viele, die vor Jahren, ohne irgendwelche industriellen Vorkenntnisse besessen zu haben, von fremden Firmen als Verkäufer angestellt wurden und sich dadurch für den einen oder anderen importierten Artikel zusammenstellen konnten, wie er gebraucht wird, und was daran zu verdienen ist, wenn er im Lande erzeugt wird. Manches Importhaus hat durch diese Entwicklung des Verkäufers zum Erzeuger gute Verkäufer verloren.

Die mittelgroßen japanischen Fabriken.

Von den mittleren Fabriken — ich zähle dazu solche, welche einige hundert Arbeiter beschäftigen — ist auch manches zu berichten. Diese Fabriken haben heutzutage immer schon einen Mann, der in Europa war oder zumindest in Amerika, wenn nicht der Chef selbst, so doch einer der Ingenieure. Eine Zahl dieser Fabriken schickt jedes Jahr einen Mann nach den europäischen Märkten auf eine Informationsreise über die Entwicklung der betreffenden Industrie in Europa, und um geschäftliche Verbindungen für den Ankauf der benötigten Maschinen und Materialien anzuknüpfen. Es läßt sich leicht denken, daß es hierdurch den Importeuren von Maschinen schwer fällt, solchen Kunden etwas Neues anzubieten. Man findet bei diesen Kunden die Kataloge seiner Branche von allen bedeutenden Fabriken der Welt. Trotzdem leitet auch ein solcher Fabrikant, der die Bezugsquellen kennt, den Import seiner Maschinen durch die Hände des Importeurs. Das hat seine guten Gründe. Wenn er eine Maschine beim Importeur bestellt, und dieselbe entspricht nicht dem Auftrage, kann er sich mit dem Importeur in Japan auseinander setzen; wenn er jedoch z. B. eine Maschine aus Amerika bezogen hat und Cassa gegen Dokumente bezahlt hat, kann er den durch einen eventuellen Irrtum des Fabrikanten bei der Lieferung entstehenden Schaden entweder gar nicht oder nur sehr schwer ersetzt bekommen. Dazu kommt, daß dem japanischen

Fabrikanten von den europäischen oder amerikanischen Firmen Maschinen direkt nur gegen vollständige Sicherstellung der Zahlungen und ohne jeden Kredit verkauft werden. Der Importeur dagegen ist oft bereit, dem Kunden längere Zahlungstermine einzuräumen, und dies spielt bei der kapitalschwachen japanischen Industrie eine große Rolle. Mit größeren Fabrikanten wird das Geschäft selbstverständlich prozentuell nie so lohnen wie mit dem kleinen Manne, hingegen sind die Umsätze größer. Letzterer Umstand ergibt sich auch daraus, daß der japanische Fabrikant möglichst alles, was er braucht, von demselben Importeur bezieht.

Wohlfahrtseinrichtungen.

Die mittleren Fabriken sind in entsprechend besserer Weise ausgestattet. Die Besitzer suchen die europäischen Einrichtungen nachzuahmen, ohne die europäischen Vorbilder erreichen zu können. Angenehm berührt es, in diesen Fabriken Wohlfahrtseinrichtungen für die Arbeiter zu sehen wie Speisesäle, Waschräume usw.

Verhältnis zwischen Arbeitgeber und Arbeitnehmer.

Für die Beamten besitzt solch eine Fabrik vielfach ein Billardzimmer, da das Billardspiel bei den Japanern außerordentlich beliebt ist. So ein primitiver Raum mit einem Billard und einem Schrank mit einigen Wein- und Likörflaschen und einem kleinen Vorrat an Zigarren trägt zuweilen die Überschrift „Klub der Beamten". Die Klassenunterschiede zwischen Chef und Angestellten sind in Japan lange nicht so bedeutend wie bei uns, und der Besitzer einer Fabrik scheut sich gar nicht, den Klub seiner Beamten zu frequentieren und mit seinen Leuten Billard zu spielen. Selbst den Arbeitern steht der Chef näher, als es bei uns der Fall ist. Es ist ein mehr patriarchalisches Verhältnis vorhanden. Dieser Umstand und die Eigenart der Japaner, ihre Wünsche nach reiflicher Überlegung mit Ruhe durchzusetzen, erklären das verhältnismäßig ruhige Zusammenarbeiten zwischen Chef, Beamten und Arbeitern.

Streik in japanischen Fabriken.

Streiks wegen zu geringer Löhnung oder zu langer Arbeitszeit kommen allerdings auch vor, und ich selbst hatte Gelegenheit, die Streikankündigung der Arbeiter an einen Fabrikanten zu beobachten. Dies spielte sich so ab, daß die Arbeiter in ihren besten Gewändern und in möglichst großer Zahl, um mehr Eindruck zu machen, vor den Chef hintraten; dies geschah jedoch nicht, indem sie eine unregelmäßige, unruhige Gruppe mit drohender Miene bildeten, sondern sie stellten sich reihenweise hintereinander und bewahrten die größte Ruhe, um ihrem Sprecher, der an der Spitze des Zuges stand, Gelegenheit zu geben, mit 100 Verbeugungen die Wünsche der Arbeiterschaft vorzubringen. Es wurden nicht unbedingte Forderungen gestellt, sondern über die Berechtigung der vorhandenen Wünsche in der ruhigsten, sachlichsten Weise diskutiert. Die Arbeiterschaft begleitete die Ausführungen ihres Sprechers mit beifälligem Murmeln. Wenn bei solcher Gelegenheit der Fabriksherr imstande ist, den Arbeitern aus plausiblem Grunde zu erklären, daß er ihren Wünschen nicht nachkommen kann, werden sich diese in Ruhe zurückziehen. Nur wenn er im Unrecht ist und seine Übermacht zur absoluten Verweigerung von Konzessionen ausdrückt, dann kommt eine gewisse Erregung in die Masse; man hört Worte wie: er ist ein schlechter Mensch usw., die Arbeit wird niedergelegt. Auf alle Fälle aber geht es auch bei solchen schwierigen Gelegenheiten in Japan ruhiger zu als in unseren Fabriken.

Arbeiterorganisationen in Japan.

Die Arbeiterschaft Japans besitzt bereits große Organisationen. Es ist diesem Umstand zuzuschreiben, daß es in Japan eine Gesetzgebung gibt, welche die Länge der Arbeitszeit reguliert und den Fabriken gewerbehygienische und polizeiliche Vorschriften macht.

Welchen Einfluß die Arbeiterführer schon heute auszuüben wissen, ist folgendem Vorfalle zu entnehmen. In einer großen japanischen Stadt wurde ein Gaswerk von einer englischen Firma gebaut, und zu diesem Baue wurde eine bedeutende Zahl von Arbeitern gebraucht. Der bauleitende Ingenieur machte sich durch zu große Strenge unter den Arbeitern mißliebig und wurde eines Tages überfallen und niedergestochen. Sein Nachfolger, der die japanische Sprache gut beherrschte und auch sonst mit den japanischen Verhältnissen besser vertraut war, setzte sich mit dem Arbeiterführer der Stadt ins Einvernehmen. Es stellte sich heraus, daß, weil der frühere Ingenieur ein rücksichtsloser Mann war, ihm der Arbeiterführer eine große Zahl entlassener Zuchthäusler als Arbeiter zugesandt hatte. Der neue Ingenieur erreichte, daß diese Zuchthäusler gegen gut klassierte Arbeiter umgetauscht wurden, und hatte sich über die Arbeiterschaft nicht mehr zu beklagen.

Die großen japanischen Fabriken.

Von den Fabriksunternehmern bleibt uns noch übrig, die ganz großen Fabriken zu beschreiben. Dazu gehören: die Arsenale, welche zum Teil bis zu 25 000 Arbeiter aufweisen, dann die staatlichen Hüttenwerke, die großen privaten Schiffswerften, eine Zahl bedeutender Textilfabriken, Zuckerfabriken und Bierbrauereien. Die privaten Unternehmungen dieser Gattung sind nahezu sämtlich Aktiengesellschaften. Wer mit diesen großen Firmen Maschinenlieferungen abschließen will, hat entweder für die staatlichen Werke mit den Ingenieuren, die in den Ministereien sitzen, zu tun oder bei privaten Anstalten mit den Direktoren, das heißt immer mit Mittelmännern. Das Geschäft ist entsprechend schwierig, weil für jede Bestellung die Begutachtung so und so vieler Herren notwendig ist, und da der Geschäftsgang in Japan ohnehin sehr langsam ist, kommt der Verkäufer bei derartig großen Unternehmen sehr langsam und sehr schwer ins Geschäft.

Tender privater Institute.

Die großen Unternehmungen sind, wie dies überall der Fall ist, von Verkäufern überlaufen und deshalb in der Lage, die Preise auf das niedrigste hinabzudrücken, die Zahlungen sehr weit hinauszuschieben und, wenn sie wollen, den Importeur sehr zu schikanieren. Manche von diesen privaten Unternehmungen gehen so weit, daß sie die öffentlichen staatlichen Ausschreibungen von Lieferungen nachahmen und in ihre Ausschreibungen, die sogenannten Tender, Bedingungen aufnehmen, die für den Lieferanten von Maschinen äußerst drückend sind. Solche Firma verlangt z. B., daß der, der den Zuschlag erhält, eine Garantie hinterlegen muß, daß er die Lieferung ordnungsgemäß durchführen wird, und die Abnahme der Maschinen wird von so und so vielen

Konditionen, die zuweilen gar nicht klar ausgedrückt sind, abhängig gemacht. Bei sehr großen Privatfirmen, die unbedingt sicher fundiert sind, halte ich ein derartiges Vorgehen für nicht ganz unberechtigt. Es gibt jedoch unter den Firmen, welche Tender ausschreiben, auch solche, die durchaus nicht als sicher gelten und sich durch das Ausschreiben solcher Tender ein gewisses Ansehen geben wollen.

Im ganzen genommen ist der Verkehr mit den großen Firmen so kompliziert, daß man, um sie für sich zu gewinnen und als Kunden zu erhalten, zur ausschließlichen Bearbeitung von zwei oder drei solcher Unternehmungen bereits einen speziellen Verkäufer benötigt.

Zu erwähnen ist, daß die staatlichen Institute vieles durch besondere europäische Einkaufsbureaus bestellen. Z. B. existiert für die Arsenale ein Einkaufsbureau in London unter Leitung eines Kapitäns und eine Branche dieses Einkaufsbureaus in Newcastle on Tyne.

Für diejenigen, welche sich mit Bilanzen japanischer Unternehmungen beschäftigen wollen, sei bemerkt, aaß das japanische Handelsgesetz es gestattet, daß Aktiengesellschaften, deren Aktienkapital z. B. zum vierten Teil eingezahlt wurde, während der andere Teil nur durch Mehrheitsbeschluß der Aktionäre von den Zeichnern eingezogen werden kann, diesen nicht eingezahlten Teil unter ihren Aktiven anführen dürfen.

Der japanische Kaufmann.

Nach dem japanischen Fabrikanten interessiert uns der japanische Kaufmann. Die rapide Entwicklung der japanischen Industrie und Handelsverhältnisse bringt es mit sich, daß wir einer ganzen Reihe verschiedener Typen von Geschäftsleuten begegnen. Manche davon sind ihren altjapanischen Prinzipien treu geblieben und verzichten darauf, eine fremde Sprache zu lernen, ein anderer Teil kann sich gar nicht genug tun in der Nachahmung europäischer Sitten. Dazwischen gibt es eine Anzahl von Mittelstufen.

Japanische Warenhäuser.

Japan besitzt bereits eine Zahl von Warenhäusern à la Wertheim in Berlin. Manche davon sind so elegant ausgestattet, daß

sio auch in unseren Großstädten des Besuches wert sein würden.
Angenehm berührt in diesen Kaufhäusern die außerordentliche
Reinlichkeit, die hauptsächlich darauf zurückzuführen ist, daß
jeder Besucher vor dem Eintritt seine Straßenschuhe ablegen muß.
Ich glaube, das japanische Bestreben nach größter Reinlichkeit
ist ebenso berechtigt wie das unserige nach Höflichkeit.

Ausstattung japanischer Geschäftslokale.

Zu der Eleganz der großen Warenhäuser steht die Dürftig-
keit der kleineren Geschäftsläden in ziemlichem Kontrast. Solch
ein Laden besteht aus einem an die Straße grenzenden Lokal,
dessen Fußboden ca. ½ m von der Hausfront angefangen um
ca. 40 cm erhöht ist. Auf diesem Podium sitzen um offene bronzene
oder hölzerne Feuertöpfe herum die Einkäufer bzw. Käufer.
Diese Feuergefäße, in denen Holzkohlen gebrannt werden, sind
zum Teil sehr kostbar ausgestattet. Sie dienen dem Japaner dazu,
sich seine Pfeife oder Zigarette anzuzünden, im Winter sich daran
zu wärmen und event. auch, um seinen Tee darauf zu kochen.
Ringsherum an den Wänden stehen die Regale mit den Waren,
und im Hintergebäude hat der Kaufmann noch ein besonderes
Warenlager. Gegen die Straße zu ist der Laden durch eine ver-
schiebbare Glastüre abgeschlossen, die zum Leidwesen des
europäischen Besuchers nicht genügt, um die oft strenge Kälte
abzuhalten. Heizung in dem Sinne, wie wir sie haben, kennt man
in Japan noch gar nicht, jeder richtig brennende Steinkohlenofen
wäre eine ständige Gefahr für das hölzerne Haus. Zentralheizungen
anzulegen würde sich nicht rentieren, weil dieselben teurer sein
würden als das Haus selbst. Die Japaner härten sich gegen Kälte
merkwürdigerweise dadurch ab, daß sie allabendlich, auch in
Sommerszeit, sehr heiße Bäder nehmen. Der Fremde dagegen
friert oft im Lande der aufgehenden Sonne.

Auch die Bureauräume der großen Bergwerksgesellschaften
und anderer Unternehmen sind weder mit Heizung noch mit
Ventilation oder sonstigem Komfort ausgestattet. Sie lassen sich
auch sonst mit den großartigen Geschäftslokalitäten europäischer
Firmen gleichen Geschäftsumfanges nicht vergleichen.

Der altjapanische Großkaufmann.

Der angenehmste von allen Kaufleuten, welcher Handelszweig auch in Frage kommen mag, ist für den Fremden der altjapanische Großkaufmann. Während der ersten Begegnung zeigt er dem Fremden gegenüber kühle Höflichkeit, hinter der sich großes Mißtrauen verbirgt. So ein Mann hat heute mit einem Amerikaner, morgen mit einem Franzosen, übermorgen mit einem Deutschen zu tun, und im Laufe der Jahre hat er die Untugenden aller fremden Nationen kennen und verachten gelernt. Er hat es auch nicht vergessen, wie er in den Jahren, in denen die Japaner fremde Produkte nur durch die Importeure kaufen konnten, die härtesten Kaufbedingungen eingehen mußte. In diesen Zeiten hielt es der Europäer für weit unter seiner Würde, einen japanischen Kaufmann aufzusuchen. Derselbe mußte zum Einkaufe zu der Fremden-Niederlassung in der Hafenstadt kommen und entweder die Hälfte oder den ganzen Betrag für die bestellte Ware hinterlegen. Heutzutage kann ein japanischer Großkaufmann von den verschiedensten Seiten kaufen und sucht jetzt seinerseits nur mit erstklassigen Firmen zu Bedingungen, die er diktiert, zu arbeiten.

Das Vernünftigste, was ein Verkäufer tun kann, um mit einem großen japanischen Kaufmann in Verbindung zu kommen, ist die Beschaffung einer guten Einführung und das Mitnehmen eines japanischen Verkäufers, der imstande ist, dem Kunden zu übersetzen, daß der Fremde ein Spezialist in dem betreffenden Geschäfte ist und dem Kaufmanne gerne die Vorzüge seiner Waren darlegen möchte. Es kommt ganz darauf an, ob man dem Kaufmann wirklich eine günstige Spezialofferte in sachlicher Weise macht; in diesem Falle wird man wohl immer eine Probebestellung erzielen können. Der Japaner ist höflich und läßt einen Besucher, den er ernst nimmt, nicht gerne ohne ein Resultat nach Hause gehen. Wer jedoch versucht, den Kaufmann durch Übertreibungen zu gewinnen oder zu hohe Preise abzuverlangen, wird die Erfahrung machen, daß der Kunde ihn als Betrüger ansieht und ihn für Jahre vom Geschäfte ausschließt. Sehr erwünscht ist es, dem Kaufmanne zu zeigen, daß man sich für sein Geschäft interessiert und ihm praktische Winke für die Aufnahme der einen oder der anderen Spezialität gibt. Es kommt auf das hinaus, wie es hierzulande ist: wer seinen Kunden nicht zu Herzen sprechen kann und nicht den Eindruck eines anständigen Menschen macht, hat nicht viel Glück mit dem Kunden.

Festlichkeiten im japanischen Geschäftsleben,

Es liegt in der Natur der Dinge, daß sich der Fremde auch den Prokuristen seines Kunden gegenüber aufmerksam benimmt und dieselben zugleich mit dem Kunden hin und wieder zu einer kleinen Festlichkeit einlädt. Eine solche ist bald beschrieben. In irgendeinem großen Teehause wird ein japanisches Diner bestellt, das aus einer endlosen Anzahl von Gängen besteht. Diese japanischen Speisen, die an sich gut sein mögen, dem Europäer jedoch lange im Magen liegen bleiben, werden so lange serviert, bis niemand weiteressen kann. Zwischendurch wird geraucht und Sake getrunken. Das ist ein warm genossenes, süßliches Getränk von sehr berauschender Wirkung. Die Japaner trinken es aus ganz kleinen Schälchen, die sie jedoch so viel benützen, daß dadurch ein Ausgleich mit unseren Maßkrügen geschaffen wird. Es gibt gewisse Spiele, die dazu benutzt werden, um den Verlierenden zum Austrinken einer Schale Sake zu zwingen. Mit diesen Spielen wird der baldige Eintritt einer gemütlicheren Stimmung sehr gefördert, und wenn die Gäste so weit sind, dann läßt man ihnen von einigen Tänzerinnen bzw. tanzenden Geishas einige japanische Lieblingstänze vorführen. Die gemeinsame Festesfreude bringt den Fremden mit den Japanern auf einen mehr freundschaftlichen Standpunkt, so daß bei dieser Gelegenheit schwebende Geschäfte und event. geschäftliche Differenzen leicht in Güte erledigt werden.

Es ist üblich, daß große Geschäftshäuser ein oder mehrere Male im Jahre ihre gesamte Kundschaft zu einem großen und entsprechend kostspieligen Feste einladen. Diesen Festen wird durch Theaterstücke und japanische Gaukler ein größerer Reiz gegeben. Die Veranstaltung dieser Feste liegt in den Händen der japanischen Verkäufer.

Materialkenntnisse der Japaner.

Sehr wichtig für den, der japanische Verhältnisse studieren will, ist es zu sehen, mit welcher großen Sachkenntnis und zugleich wie einfach die japanischen Händler Materialeigenschaften auszufinden imstande sind. Z. B. stellte einmal ein Händler den Unterschied zwischen zwei Aluminium-Qualitäten, die beide ohne Fabriksmarke geliefert worden waren, so fest, daß er je einen Barren auseinanderbrach und an den Bruchstellen roch. Aluminium enthält nämlich etwas Acetylen in seinen Poren, und der Geruch ist bei Waren verschiedener Herkunft verschieden stark. Im Lauf der Zeit wurde ich von den Japanern für alle möglichen Materialien auf derartige Feinheiten aufmerksam gemacht. In dieser besonders entwickelten Beobachtungsgabe der Japaner, durch die sie auch die feinsten Unterschiede des Musters, nach dem sie bestellten, und der Ware, die sie danach bekamen, feststellen, liegt die Ursache der vielen Differenzen bzw. der Claims, die im japanischen Geschäfte scheinbar unvermeidlich sind. Ich sehe jedoch für diese häufigen Claims als Ursache neben der Tüchtigkeit der japanischen Geschäftsleute Untüchtigkeit mancher fremden Verkäufer. Der Importeur ist ja heutzutage noch Händler in allen möglichen Waren, und er ist deshalb in den meisten derselben weder Spezialist noch irgendwie besonders erfahren. Dadurch kommt es, daß oft Bestellungen ohne Beobachtung der nötigen Vorsicht aufgenommen werden. Wer für ein Material die Farbe des Musters z. B. garantiert, trotzdem sich für den betreffenden Artikel ein bestimmter Farbenausfall seitens der Fabrik nicht garantieren läßt, der hat ja von vornherein die Grundlage zu einer späteren Differenz mit dem Kunden gegeben. Sobald die Ware kommt, stellt der Kunde sofort den Farbenunterschied fest, und wenn der Importeur, der für die Ware keine anderweitige Verwendung hat und meist auch keine Anzahlung von dem Kunden erhielt, die Ware nicht im Lagerhaus behalten will, muß er sich einen großen Preisabzug, der unter Umständen 30 % einer kleinen Differenz wegen beträgt, gefallen lassen. Wenngleich in einem solchen Falle der Japaner die Unkenntnis des Verkäufers in einer nach unseren Begriffen unfairen, in asiatischen Ländern jedoch üblichen Weise ausgenützt hat, so trifft an dem Vorfall dennoch den Verkäufer die Schuld. Es besteht in der größten Zahl der Claims keine Ursache, die Japaner als Schwindler und Betrüger hinzustellen.

Das Verhalten des japanischen Kunden zu dem Importeur ist mancherlei Änderungen unterworfen. Hat er Ware bestellt und dieselbe mit gutem Gewinne noch vor ihrer Ankunft weiterverkauft, mit einem Worte, wenn er die Ware braucht, dann ist

er zu jeder Konzession bereit, er nimmt die Ware ohne viel Be
mängelung und bezahlt prompt; es ist ein direktes Vergnügen,
so mit ihm zu arbeiten. Es kommen aber Zeiten, in denen sich
der japanische Kaufmann verspekuliert hat, indem er in der Hoff-
nung auf eine Besserung des Marktes zuviel Waren bestellt hat.
Bevor die 5 oder 6 Monate für das Eintreffen der Ware vergangen
sind, hat sich dann der Markt vielleicht auch gegen ihn gewandt,
und wenn er die Ware zu den bestellten Bedingungen abnehmen
müßte, dann würde er einen großen Teil seines Geldes verlieren.
Unter solchen Verhältnissen wird sich der Japaner, auch wenn
es sich um eine gute Firma handelt, mit Händen und Füßen gegen
die Erfüllung seines Kontraktes sträuben. Die geringste Verspätung in der Lieferung, die geringste Verschiedenheit in der
Ware oder der Packung müssen als Grund herhalten für die
Verweigerung der Abnahme. Da hat zuweilen der Importeur
schwere Zeiten durchzumachen. Wenn er dem Kunden gegenüber
vollste Unnachgiebigkeit zeigt, verliert er ihn und seine Sippschaft
für die Zukunft und da es nicht gar so viele große Kunden gibt,
wäre dies auch ein Verlust; deshalb zeigt er sich besser entgegenkommend und hilft dem Kunden durch Kreditgewährung und
Nachlässe aus seinen Schwierigkeiten. Die Japaner ziehen eine
Einigung in einem solchen Fall, die man in Deutschland binnen
15 Minuten erreichen könnte, auf Wochen oder Monate hinaus,
indem sie zunächst die unglaublichsten Forderungen stellen und
dann langsam Schritt bei Schritt zu annehmbareren Bedingungen
für die Abnahme heruntergehen. Auf Grund solcher Tatsachen
gebe ich jedem, der an Asiaten verkaufen will, den Ratschlag:
„Verkaufe nur das und nur so viel, als du überzeugt bist, daß er,
der Kunde, seinerzeit tatsächlich brauchen wird." Wieviele
haben es nachher bedauert, daß sie den Kunden zu Bestellungen
bewogen hatten, die für seine Verhältnisse zu groß waren!

Der kleine japanische Kaufmann.

Die fremden Firmen, so sehr sie das großzügige Geschäft
mit den japanischen Großkaufleuten suchen, werden durch die
Entwickelung der Verhältnisse immer mehr dazu gebracht, auch
mit den kleineren Kaufleuten zu arbeiten. Der kleinere Kaufmann,
der vielleicht vordem von dem großen japanischen Kaufmanne
gekauft hat, wird dem Importeur höhere Preise bezahlen als der

letztere. Außerdem ist der kleinere Kaufmann viel mehr auf den Kredit angewiesen, der ihm von dem Importhaus gegeben wird, und deshalb bei Abnahme der Waren gefügiger. Nicht zu vergessen ist es, daß durch die Aufteilung des Geschäftes an mehrere kleinere Kaufleute das Risiko des Importeurs aufgeteilt wird. Das Geschäft wird dadurch an sich komplizierter aber sicherer. Die amerikanischen Firmen gehen sogar so weit, z. B. die Singer Co., daß sie in einer Stadt wie Tokio Hunderte von kleinen Geschäftsleuten für den Verkauf ihrer Maschinen interessierten; dadurch hat die Singer Co. den weitaus größten Teil des Nähmaschinengeschäftes in ihre Hand bekommen. Je mehr die großen japanischen Händler die Importeure in den Preisen drücken oder durch direkten Bezug aus Europa verdrängen werden, desto mehr werden die europäischen Firmen sich dem Detailgeschäfte zuwenden müssen.

Man könnte mir den Vorwurf machen, daß alles, was ich über den japanischen Kaufmann sagte, für den hiesigen Fabrikanten, der Maschinen verkaufen will, von wenig Interesse ist. Handel und Industrie sind jedoch so miteinander verwachsen, daß es heute kein größeres Geschäft in Maschinen gibt, an dem nicht der eine oder der andere Kaufmann beteiligt wäre, und deshalb war es notwendig, die Beschreibung der Industrie Japans durch eine solche des japanischen Kaufmannstandes zu ergänzen.

Die japanischen Behörden.

Wir wollen uns nunmehr mit den japanischen Behörden beschäftigen, mit denen der fremde Ingenieur in Japan in Berührung kommt. In Tokio gibt es ein Amtsblatt, welches täglich die von den Eisenbahnen, militärischen Anstalten, Regierungsfabriken und großen wissenschaftlichen Anstalten benötigten Maschinen und Materialien bekannt gibt; das ist der sogenannte „Kampo". Wer an einer derartigen Lieferung teilnehmen will, muß sich von dem betreffenden Institute die genauen Lieferungsbedingungen beschaffen. Hier trifft der Fremde auf die erste Schwierigkeit für Regierungslieferungen. Die wissenschaftlichen Anstalten verlangen nämlich, daß eine Firma, welche mit offerieren will, mindestens seit 2 Jahren für die in Frage kommenden Waren in Japan registriert ist und für mindestens 2 Jahre Steuer bezahlt hat. Dafür muß diese Firma eine Bescheinigung des Bürgermeisters der Stadt, in welcher sie ansässig ist, beibringen. Die Eisenbahnen gehen aber noch viel weiter. Wer an einer öffentlichen Ausschreibung einer Eisenbahn teilnehmen will, muß ein Zeugnis beibringen, daß er im Verlaufe der letzten drei Jahre für mindstens 300 000 Yen, das sind ca. 600 000 M, Lieferungen an Eisenbahnen gemacht hat. Außerdem führen die Eisenbahnen eine Liste derjenigen Maschinenfabriken, welche ausschließlich für Lieferungen zugelassen sind. Die Arsenale haben allgemein mildere Zulassungsbedingungen, jedoch bleiben auch diese immer noch für den Neuling ein fast unüberwindliches Hindernis, um in das großzügige Geschäft in Japan hereinzukommen. Ältere Firmen dagegen, welche z. B. für die Eisenbahnen mitkonkurrieren dürfen (es istdies eine relativ kleine Zahl von Firmen), haben förmlich ein lohnendes Monopol in der Hand. Die Eisenbahnen kaufen allein jährlich für ca. 30 bis 40 Millionen Mark, und das geht alles durch die Hände der durch das Gesetz begünstigten Firmen.

Listen der für öffentliche Lieferungen zugelassenen Fabriken.

Das Bestreben des hiesigen Maschinenfabrikanten muß darauf gerichtet sein, durch seine Vertreter in Japan auf die Liste der zu Lieferungen zugelassenen Firmen zu kommen. Selbstverständlich wird ein Fabrikant, dem das Exporthaus diesen großen Dienst geleistet hat, sich verpflichten, für eine Reihe von Jahren alle Bestellungen des betreffenden Regierungsinstitutes nur im Einvernehmen mit dem Exporteur zu behandeln.

Staatliche Tender.

Die Vergebung öffentlicher Lieferungen geschieht auf folgende Weise: Zu dem in der Ausschreibung angesetzten Termine erscheinen die Bevollmächtigten der offerierenden Häuser und reichen zunächst ihre Vollmachten zur Prüfung ein und hinterlegen dann, zugleich mit der geschlossenen Offerte, einen Geldbetrag, welcher zumindest 5 % der offerierten Summe betragen muß. Damit die Konkurrenten nicht nach dem Betrage schließen können, wie hoch man offeriert hat, und danach ihre Offerte noch im letzten Momente ändern können, wird gewöhnlich viel mehr Geld hinterlegt als notwendig. Für den Geldbetrag bekommt jeder eine Bestätigung. Dann werden die Offerten im Beisein der konkurrierenden Firmen geöffnet und nach der Höhe geordnet. Der niedrigst offerierende bekommt den Zuschlag der Lieferung. Er hat dann binnen kurzer Zeit ca. 11 % der offerierten Summe als Garantiesumme für die prompte und richtige Effektuierung des Auftrages zu hinterlegen, wogegen er die erst hinterlegte Summe zurückerhält. Zuweilen kommen Ausschreibungen vor, in denen gesagt wird, daß der Besteller sich vorbehält, den Auftrag zu geben, wem er will, oder den Auftrag überhaupt nicht zu erteilen.

Dieses sogenannte Tendergeschäft bei den Regierungsinstituten erfordert große Aufmerksamkeit, und man benötigt dazu besondere Verkäufer, die geeignet sind, mit Regierungsbeamten zu verkehren. Selbstverständlich muß bei Lieferungen für Regierungsämter genau nach den gesetzlichen Vorschriften unter Berücksichtigung vieler Formalitäten vorgegangen werden. Trotzdem ist das Regierungsgeschäft sehr gesucht, weil man wenigstens seiner Zahlung sicher ist. Außerdem hat man es hier mit Beamten zu tun, die im Auslande studiert haben und speziell dem fremden Ingenieur durch ihre Sprachkenntnisse und ihre Bildung eine angenehmere Kundschaft sind als die japanischen Industriellen und Kaufleute. Sehr angenehm für den Ingenieur ist es, wenn eine Maschinenfabrik hier in Deutschland einen japanischen hohen Beamten für sich günstig gestimmt hat, und derselbe sich dann in Japan dem Vertreter der Maschinenfabrik gegenüber für die ihm erwiesene gute Behandlung dankbar zeigt.

Der Banto.

Wer immer auch der Kunde in Japan ist, für den Fremden, der ohne Kenntnis des Japanischen und ohne Kenntnis der Intimitäten des japanischen Geschäftslebens dasteht, bleibt es eine Unmöglichkeit, direkt, d. h. ohne Vermittler, Geschäfte zu machen. Der Japaner, der eine Maschine bestellt, will eine Sicherheit dafür haben, daß diese Maschine so geliefert wird, wie er sie braucht; denn es wäre ein Verlust für ihn, wenn er nach Ablauf von 6 oder 8 Monaten, die er auf die Maschine warten muß, entweder keine Maschine oder eine unrichtige bekommen würde. Mit dem Fremden kann und will er nicht prozessieren, und deshalb braucht er jemand, den er verantwortlich machen kann, und das ist eben der japanische Vermittler. Auf der anderen Seite braucht der Fremde zum Verkaufen jemanden, der ihm als Übersetzer dient, bei dem Kunden einführt und ihm ebenfalls eine Garantie dafür bietet, daß der

Kunde bona fide handelt und für den Betrag der Bestellung genügend kapitalkräftig ist. Der Vermittler, der in Japan „Banto" genannt wird, ist demnach die wichtigste Person unter dem japanischen Personal des Fremden. Bantos, die außer den geforderten kaufmännischen Fähigkeiten auch noch technische Kenntnisse besitzen und auf beiden Gebieten die notwendige Selbständigkeit erworben haben, sind auch heute noch selten und können nur mit großer Mühe gefunden werden. Die Bezahlung ist entsprechend hoch. Es gibt Bantos, die inklusive ihrer Verkaufskommission 10—50 000 M jährlich verdienen. Manche von diesen Bantos haben so viel Geld gemacht, daß sie entweder Fabrikanten wurden oder selbst ein Importgeschäft eröffneten. Der Begründer und noch jetzige Besitzer eines der größten maschinentechnischen Importgeschäfte Japans war vor nicht gar zu langer Zeit Banto einer Yokohamaer Firma, die er an Geschäftsumfang bei weitem überflügelt hat. Er beschäftigt heute selbst ca. 60 Verkäufer und hat seine eigenen Einkaufshäuser in England und Amerika.

Warnen möchte ich vor den Japanern, die sich speziell jeder neuen Firma in Menge anbieten, indem sie angebliche Beziehungen zu allen möglichen großen Instituten nachweisen, jedoch keine gute Empfehlung seitens europäischer Kreise vorzeigen können. Nachfragen bei Europäern, die diese Leute früher beschäftigt hatten, ergeben gewöhnlich außerordentlich schlechte Auskünfte. Trotzdem die Verhältnisse in Japan so anders sind als bei uns, bleibt es auch dort eine Wahrheit, daß nur die mit gesunden Grundsätzen verbundene Klugheit zu Erfolgen führt, Schwindler und Spekulanten jedoch fast immer ein böses Ende finden.

Der Chefbanto.

In großen Geschäftshäusern wird es nötig, für die vielen Bantos, die beschäftigt werden, eine Oberaufsicht durch einen Chefbanto einzurichten; in Deutschland entspricht dies der Stellung des Chefs der Verkaufsabteilung. Der Chefbanto garantiert entweder nur moralisch für seine Untergebenen, oder er übernimmt vielfach auch die persönliche Haftung für alle von denselben hereingebrachten Geschäfte. Er heißt dann Comprador und ist eine äußerst wichtige Persönlichkeit des Geschäftshauses. Er empfiehlt, welche Kredite an die Kunden eingeräumt werden sollen, und es wird gewöhnlich kein Stück Ware aus dem Lagerhause ohne seine

Zustimmung hinausgeschafft. Die Zwischenschaltung des Compradors macht dem Europäer das Geschäft bedeutend angenehmer, weil er dann nur mit einem Japaner statt mit 10 oder mehr zu tun hat. Andererseits wird der Fremde von dem Comprador derart abhängig, daß in Wirklichkeit der Comprador der Geschäftsführer wird, und der Fremde ihm alles Mögliche gestatten muß. Würde der Comprador das Geschäftshaus verlassen, dann würde er das gute Personal und die gewinnbringenden Geschäfte mit sich nehmen, und mit dem Reste wäre das Geschäftshaus nicht gut gestellt.

Der Übersetzer.

Bei dieser Gelegenheit wollen wir auch dem übrigen japanischen Personal der fremden Geschäftshäuser einige Zeilen widmen. Dazu zählt vor allem der Übersetzer. Es klingt unglaublich, aber es ist wahr, daß manche fremde Geschäftsleute, die schon 10 oder 20 Jahre in Japan sind, im Verkehr mit ihren Bantos und Kunden, soweit dieselben nicht Englisch sprechen, einen Übersetzer benötigen. Dies liegt zum Teil an der Bequemlichkeit solcher Herren, zum Teil an der außerordentlichen Schwierigkeit, die japanische Sprache gut zu lernen. Es existiert zwischen der japanischen Sprache und den europäischen Sprachen auch nicht der geringste Zusammenhang, und um die Sprache richtig anwenden zu können, ist es außerdem notwendig, die Umgangsformen der Japaner sich wenigstens zum Teil anzueignen, und dies ist keine Kleinigkeit. Um die Liebe zum Studium der Sprache unter ihren jungen Leuten zu fördern, haben sich die englischen Firmen zusammengetan und die Kosten für einen Lehrkursus aufgebracht. Die besten von den Schülern, welche vierteljährlich einer Prüfung unterzogen werden, erhalten nicht unerhebliche Geldpreise. Für die deutschen jungen Leute ist so eine künstliche Förderung des Wissensdranges nicht notwendig; sie lernen von selbst.

Der Übersetzer, der allen wichtigen Verhandlungen beiwohnt, nimmt eine Vertrauensstellung ein. Vielfach hängt ein Geschäft von seiner Haltung ab, denn von einer genauen Übersetzung einer fremden Sprache in die japanische kann keine Rede sein, und der Übersetzer kann, trotzdem er dem Wortlaute nach seine Pflicht auf jeden Fall tut, sehr viel dazu beitragen, das Geschäft möglich oder unmöglich zu machen.

Dem Übersetzer unterstehen die japanischen Schreibkräfte, die Kontorjungen und die Hausdiener. Der japanische Kontorjunge ist eine Spezialität für sich. Ich habe noch in keinem Lande so geschickte und aufmerksame Burschen gesehen. Solch ein Junge liest einem jeden Wunsch von den Augen ab, und man kann ihm irgend eine Arbeit in die Hand geben, er wird sich von vornherein richtig dazu stellen. Es liegt vielleicht in den Eigentümlichkeiten der japanischen Rasse, daß ein Junge von 14 Jahren schon den Witz besitzt, den wir bei uns von einem Manne mit 20 und mehr Jahren erwarten. Selbstverständlich besitzt der Fremde auf diese jungen Burschen einen großen erzieherischen Einfluß. Sobald von dem Jungen nur seine Pflicht verlangt wird, ohne daß er unnützerweise herumgehetzt wird, und wenn man ihm Gelegenheit gibt, sich auszubilden, bekommt man an ihm einen äußerst treuen Diener. In ihm ist die japanische Lehre von der vollständigen Selbstbeherrschung, die später zur Verschlossenheit führt, noch nicht gänzlich erhärtet, und er nimmt noch etwas von unseren Ansichten über gegenseitige offene Teilnahme unter den Menschen in sich auf.

Der Speditions- und Verzollungsbeamte.

Für den Verkehr mit den Zollbehörden braucht der Importeur einen Mann, der den ganzen Tag entweder im Hafen oder im Zollamte mit einigen Helfern tätig ist, um die Verzollung und Beförderung der Ware nach dem Lagerhause zu beschleunigen. Wesentlich für solch einen Mann ist es, daß er mit den Zollbeamten auf gutem Fuße steht, da die strikte Anwendung der Gesetze zuweilen zu großen Verspätungen und Verlusten führen würde.

Wohlwollen in der Haltung der Zollbeamten dem Importhause gegenüber ist deshalb von großem Werte.

Der Lagerverwalter. — Der Chinese in Japan.

Für das Lagerhaus braucht man einen Lagerverwalter, der heute noch an vielen Stellen ein Chinese ist. Die Chinesen und die Japaner können sich nämlich untereinander recht schlecht vertragen. Die Chinesen beschuldigen die Japaner der Rücksichtslosigkeit, und die Japaner beschuldigen die Chinesen des zu großen Egoismus. Natürlich wird da auch noch weiter gegangen.

Da das Importhaus an einer guten Bewachung der sehr wertvollen Lagerbestände das größte Interesse hat, wird für diese Stellung vielfach ein Chinese genommen. Solch ein Mann hinterlegt eine bedeutende Garantiesumme entweder selbst, oder es verpflichten sich reiche chinesische Kaufleute für ihn. Der Chinese, soweit ich ihn in Japan beobachten konnte, ist äußerst fleißig und gewissenhaft, er tut alles, um seinem Herrn Mühe und Auslagen zu ersparen. Trotzdem kommt es so gut wie nie zwischen einem Europäer und einem Chinesen zu einer Annäherung. Die Lebensweise eines Chinesen ist so verschieden von der unsrigen, daß wir sie nicht begreifen können. Außerdem wirkt der Schmutz, der mit jedem chinesischen Haushalt, man könnte auch sagen, mit jedem Chinesen für immer verbunden zu sein scheint, abschreckend auf den Europäer. Man kann den langbezopften Mann noch so gut leiden mögen, und man bleibt doch gerne in genügender Distanz von ihm.

Der japanische Broker.

Jedes Geschäftshaus sucht seine Aufträge nicht allein durch die eigenen Verkäufer zu bekommen, sondern auch durch Mittelsmänner, sogenannte Broker. Von diesen Leuten gibt es eine ganze Zahl in den japanischen Städten. Sie unterscheiden sich weniger in ihren Provisionsansprüchen als in ihrer Vertrauenswürdigkeit. Nur eine kleine Zahl dieser Leute ist speziell für den kaufmännischen Beruf ausgebildet, die Mehrzahl rekrutiert sich aus früheren Bantos und gewesenen Beamten und stellt eine Sorte von Spekulanten auf gelegentliche Geschäfte vor. Diese Broker verschaffen sich die Vorratslisten der verschiedenen Importhäuser und suchen denselben Kunden nachzuweisen. Da die Industrie in Japan noch nicht so übersichtlich ist wie bei uns, ist es sehr leicht möglich, daß ein Broker einen großen Kunden ausfindig macht, den die Bantos selbst noch nicht gekannt haben. Jede Firma sucht Lagerbestände abzustoßen und bewilligt deshalb den Brokern gute Kommissionen. Selbstverständlich muß man sich hüten, mit Brokern zu verkehren, die in Wirklichkeit das Geschäft der Konkurrenz zubringen wollen und nur zu Spionagezwecken auch uns das Vergnügen ihres Besuches machen. Es ist sehr praktisch für den Fremden, nicht direkt mit dem Broker zu verkehren, sondern durch die Vermittlung eines verläßlichen

Bantos. Wenn ein Broker gezeigt hat, daß er über gute Verbindungen verfügt, und seine Informationen zuverlässig sind, ist
es naheliegend, ihn eventuell als Banto zu engagieren.

Verbindung mit den japanischen Professoren.

Die Einführung einer fremden Firma, speziell einer technischen Firma in Japan wird ganz außerordentlich dadurch
erschwert, daß es recht schwierig ist, sich über das vorhandene
Absatzgebiet zu informieren und mit den Kunden in Verbindung
zu kommen. Im allgemeinen hat der Fremde, der eine Spezialität
einführen will, einen recht langen und mühsamen Leidensweg zu
gehen. Auch den besten Bantos fehlt es meistens an den nötigen
Verbindungen und dem vollen Überblick über die geschäftliche
Lage. Trotzdem gibt es ein Mittel, die Einführung einer fremden
Firma erheblich zu beschleunigen, das zurzeit allerdings erst von
wenigen Firmen gekannt und benützt wird.

Da die japanische Industrie von den technischen Schulen
die Ingenieure erhält, besitzen andererseits die Professoren an
den Schulen außerordentlich viele Verbindungen zu den industriellen Unternehmungen des Landes. Es empfiehlt sich deshalb
immer, die Professoren, die für eine bestimmte Industrie in Japan
als Autoritäten gelten, aufzusuchen, ihnen die eigenen Konstruktionen vorzulegen und um ihre Unterstützung für die Einführung
in Japan zu bitten. Manche von den technischen Schulen haben
ganz bedeutende Musterwerkstätten aller Gattungen, und der
Professor ist dadurch in der Lage, wenn ihm die neue Maschine
gefällt, bereits eine solche für die Schule zu kaufen, was eine sehr
gute Reklame für den Fabrikanten bildet. Die Professoren sind
aber auch bereit, einer von ihnen als erstklassig erkannten Firma
Einführungen an ihre Schüler und Freunde in den verschiedenen
Fabriken zu geben. Die Einführung eines Professors wird von
jedem Industriellen geachtet, und sehr oft kommt dadurch eine
neue Firma zu großen Geschäften. Es ist selbstverständlich,
daß sich der Fremde für eine derartige Unterstützung dem Professor gegenüber dankbar zeigen wird. Die Japaner beschenken
sich an den sogenannten Bontagen, der eine fällt auf den ersten
Juli und der andere auf den Neujahrstag. Der Japaner kann
also sagen: „wir haben 2 Weihnachten." An diesen Tagen ist
es jedem Japaner erlaubt, in passender Form Aufmerksamkeiten

zu empfangen, die selbstverständlich nicht den Charakter von Bestechungen haben dürfen.

Auch pensionierte Fabriksdirektoren oder frühere hohe Regierungsbeamte sind zuweilen gerne bereit, ihre freie Zeit und ihre Verbindungen fremden Firmen nutzbar zu machen. Solche ständig konsultierende Herren werden dann auch ständig bezahlt. Die Einrichtung, neben den eigentlichen Verkäufern und Geschäftspersonen Berater zu beschäftigen, ist in Japan so eingewurzelt, daß auch die größten japanischen Geschäftshäuser und manche von den großen japanischen Banken hohe Persönlichkeiten als Berater besitzen. Im allgemeinen sei noch erwähnt, daß Berater einer Firma, wie es ja in der Natur der Sache liegt, von den Bantos als eine Kontrolle und deshalb unangenehm empfunden werden. Darum ist es wichtig, daß zwischen Berater und Banto ein leidliches Verhältnis besteht, sonst werden die besten Ideen des Beraters zunichte werden.

Als eine außergewöhnliche Form, ein neues Material in Japan einzuführen, erwähne ich, daß eine amerikanische Firma ein sogenanntes Propagandakomitee bildete, dem eine Anzahl Professoren und sonstige einflußreiche Herren angehören. Diese Organisation hat sich sehr gut bewährt und kann zur Nachahmung nur empfohlen werden.

Informationswesen in Japan.

Es ist mehrfach darauf hingewiesen worden, daß das Informationswesen in Japan heutzutage noch unzulänglich ist. Es gibt wohl Institute, die einen sehr großen Namen führen und sich gebärden, als wenn sie mit unserem „Schimmelpfeng" auf einer Stufe stünden. Ich selbst habe aber leider konstatieren müssen, daß über meine besten Kunden zuweilen eine recht schlechte und über die schlechtesten Zahler oder bankerotte Leute zuweilen eine recht gute Auskunft erteilt wurde. Ich habe diese Auskünfte immer nur als Anhalt benützt, um nach den geschilderten Verhältnissen und Verbindungen der angefragten Firma durch Bantos und Brokers genauere Erkundigungen einzuziehen. Eine große Hilfe sind übrigens die Auskünfte auch darum nicht, weil der Kunde zur Zeit der Bestellung finanziell gut fundiert sein kann und trotzdem bis zu der in einem $\frac{1}{2}$ Jahre oder später erfolgenden Abnahme der Ware vermögenslos sein kann. Das beste Mittel, um zu wissen, mit wem man es zu tun hat, bleibt es, sich das Geschäft und das Lagerhaus des Kunden anzusehen, und durch eine Unterhaltung mit dem Kunden einen Eindruck zu gewinnen, ob man es mit einem Menschen zu tun hat, der nicht daran denkt, in Konkurs zu gehen. Ein wohlgeordnetes Lager, gute eigene Sachkenntnis und Rührigkeit und ein tätiges Personal sind immer noch gute Referenzen für einen Kaufmann gewesen. Über die Güte eines Fabrikbesitzers gewinnt man einen entsprechenden Einblick viel sicherer durch Besichtigung seiner Fabrik; denn auch der Fremde kann da sehen, ob er es mit einem Unternehmen zu tun hat, welches gewinnbringend ist oder nach einem verkehrten Prinzip arbeitet. Von den Banken, mit denen diese Institute arbeiten, bekommt man verhältnismäßig verläßliche Auskünfte über den Kredit, den man Firmen einräumen kann; wenn man aber später die Bank fragt, bis zu welcher Höhe sie die Wechsel dieser Firma akzeptieren will, kommen viel kleinere Zahlen heraus. Es ist ja zu verstehen, daß eine Bank ihren Kunden zu nützen sucht, indem sie ihm die Kreditaufnahme durch wohlwollende, dabei doch völlig unverbindliche Auskunft erleichtert.

Verbreitung der Spekulation in Japan.

Auf einen Punkt in den Auskünften über die japanischen Geschäftsleute empfehle ich besonders zu achten. Das ist, ob der Mann in Aktien oder Reis usw. spekuliert. Es wird wenig Länder geben, in denen relativ so viel und so hoch spekuliert und gewettet wird wie in Japan. Sehr beliebt sind die Reisspekulationen, die in enorme Summen gehen. Durch die Liebe zur Spekulation wird mancher sonst tüchtige Geschäftsmann zu einem gefährlichen Kunden, und durch die Vorliebe für Pferdewetten usw. ist schon mancher tüchtige Banto zum Verbrecher geworden. Der Ministerpräsident Katsura hat seinem Vaterlande einen großen Dienst erwiesen, als er eines Tages, unabhängig von allen Ressortchefs, sämtlichen Rennklubs in Japan telegraphisch mitteilen ließ, daß Wetten bei den Rennen verboten sind. Daß ein Japaner einmal nicht ins Bureau kommen konnte, weil er seinen Kimono verwettet hatte, zeigt am besten den Wert der Unterdrückung der Spielwut.

Japanisches Gerichtswesen.

Da jeden, der in Japan Geschäfte machen will, das japanische
Gerichtswesen interessieren muß, sei auch hierüber einiges gesagt.
Die japanische Gesetzgebung, speziell die Handelsgesetzgebung,
ist dadurch entstanden, daß sich die Japaner von den englischen
und deutschen Handelsgesetzen die für ihre Verhältnisse passend-
sten als Grundlage ihrer Gesetzgebung genommen haben. Es
gibt, ebenso wie bei uns, den Instanzenweg von dem Amtsgericht
zum Landgericht, Oberlandesgericht und Reichsgericht. Noch
vor nicht zu langer Zeit waren die Fremden in Japan außerhalb
der japanischen Gesetze stehend und hatten ihre eigenen Kon-
sulargerichte, Gefängnisse usw., wie dies z. B. noch heute in China
der Fall ist. Dies hat aufgehört, und heutzutage muß der Fremde
sein Recht bei den japanischen Richtern suchen wie irgendein
Einheimischer. Leider ist das für den Fremden etwas schwer.
Vor allem bedarf er für die Verhandlungen einen vom Gericht zugelassenen Übersetzer, der sehr kostspielig ist, und dessen Sprachkenntnisse trotzdem oft nicht hinreichen, um ihm die eventuell
vorkommenden komplizierten technisch-kommerziellen Fragen so
plausibel machen zu können, daß er wirklich weiß, was seine
Partei will. Diese Übersetzer haben ein großes Interesse daran,
an so einem Prozesse recht lange zu übersetzen, weil sie für jede
Verhandlung besonders bezahlt bekommen. Jedenfalls entspricht
es mehr ihrer Ansicht als der der fremden Firma, die sie vertreten,
daß die Richter auch den einfachsten und kleinsten Rechtsstreit
auf Jahre hinausziehen. Die Verhandlungen bestehen vielfach
darin, daß das vorhandene Aktenmaterial vorgelesen wird, und
dann die Verhandlung nach irgendeinem Antrage eines der
Advokaten auf Monate weiter hinausgeschoben wird. Der Fall
einer prompten Behandlung eines Prozesses ist mir noch nicht
bekannt geworden. Es kommt auch vor, daß zuweilen ein Richter
einen Rechtsstreit auf lange Zeit hinauszieht, weil dadurch die
gütliche Einigung der Parteien gefördert wird, also in der besten
Absicht.

Japanische Advokaten.

Die japanischen Advokaten sind zum Teil äußerst tüchtig
und dann auch entsprechend teuer, jedoch bleiben ihre Liqui-
dationen hinter denen ihrer europäischen Kollegen weit zurück.

Ein wenig bekannter Advokat z. B. verlangt für eine Konsultation von vielleicht 2 Stunden einige Mark, dagegen muß man einem Advokaten, der mit fremden Firmen gearbeitet hat und dabei verwöhnt wurde, für so eine Konsultation auch 30 und 50 Mark bezahlen. Einen guten Advokaten zu finden, der bereit ist trotz der ihm zuweilen dadurch entstehenden Anfeindungen seitens seiner Landsleute die Interessen einer fremden Firma energisch wahrzunehmen, ist ein Glücksfall. Allen denen, die nach Japan kommen und glauben, benachteiligt worden zu sein, empfehle ich deshalb dringend, schlechtem Gelde nicht noch gutes nachzuwerfen und lieber die ihnen zugefügten Verluste zu tragen, als so ziemlich immer aussichtslose Prozesse zu führen. Mit der Zeit gewöhnt man sich daran, Geschäfte ohne Advokaten zu machen, und es geht auch.

Das Namenssiegel in Japan.

Meinen Betrachtungen über die japanische Gesetzgebung will ich hinzufügen, daß dieselbe jedem Japaner ein Namenssiegel vorschreibt. Da die Japaner mit einem Pinsel schreiben, sind Unterschriften außerordentlich leicht nachzuahmen, und bietet scheinbar da das Siegel den gesetzlichen Ausweg. Das Siegel wird meist aus einem Achat geschnitten und unter Verwendung von rotem Zinnober auf die Schriftstücke gedrückt. Geschäftsleute besitzen außer ihrem persönlichen Siegel auch noch ein Geschäftssiegel. Je größer ein Unternehmen bzw. je größer das Auftreten des Unternehmens, desto größer wird das Siegel. Zuweilen habe ich auf gewöhnlichen Fakturen Siegel von 3×4 cm Größe gesehen. Die Geschäftssiegel werden amtlich registriert und sind durch scharfe Gesetzesparagraphen vor Mißbrauch geschützt. Manche japanischen Geschäftsleute sind gerne bereit, eine Abmachung zu unterschreiben, zögern jedoch, ihr Siegel darunter zu setzen. Es ist selbstverständlich, daß man auf die Untersiegelung von Bestellungen usw. deshalb sehr achten wird. Eine Sache der Vorsicht ist es, gelegentlich der Anknüpfung einer neuen Geschäftsverbindung auf dem Bürgermeisteramte nach dem richtigen Siegel des Kunden zu fragen, auch danach, wer von den Angestellten des Kunden das Siegel gebrauchen darf, d. h. Prokurist des Kunden ist.

Die japanische Unterschrift.

Nach dem japanischen Gesetze wird auch die Nachahmung der Unterschrift bestraft. Die Unterschrift hat jedoch relativ wenig Wert, weil jeder vierte Mensch Suzuki oder Seito heißt. Solche Namen sind in Japan noch viel mehr verbreitet wie bei uns die Namen Meier oder Schulze. Es gibt Unternehmungen, in denen vielleicht 20 Leute alle den gleichen Namen führen.

Wir gehen nun auf die üblichen Abmachungen der Importeure mit den japanischen Kunden ein.

Der Indent.

Eine besondere Eigentümlichkeit des Geschäftes nach dem fernen Osten ist der Indent, das ist eine bedingungsweise Bestellung des Kunden an den Importeur. Die Gepflogenheit, daß der Kunde dem Importeur Waren bestellt, indem er einen bestimmten Preis und eine bestimmte Lieferzeit vorschreibt, ohne daß sich der Importeur selbst irgendwie verpflichtet, die Ware zu liefern, solange sein europäisches Haus die Bestellung noch nicht angenommen hat, schließt eine für den Importeur angenehme Option ein, dieses Geschäft zu machen, wenn es gewinnbringend ist, oder es abzulehnen, wenn er Verlust daraus haben würde.

Entstehung des Indents.

In früheren Zeiten gab es nur äußerst wenig und seltene Verbindungen von Japan nach Europa, und wer irgend etwas kaufen wollte, mußte sich eventuell schon ein Jahr früher dazu entschließen. In dieser Zeit gab es auch noch keine telegraphischen Verbindungen, so daß der Importeur nicht imstande war, genaue und gleichzeitig verbindliche Preise zu machen. Aus diesen Gründen mußte damals der Händler dem Importeur den Auftrag geben, eine bestimmte Menge von Waren einzukaufen mit Angabe eines höchsten Preislimits. Zu dieser Bedingung traten fallweise Vorschriften für die Qualität der Ware usw. hinzu.

Heutige Benützung des Indents, Vor- und Nachteile für den Importeur.

Diese Form des Geschäftes hat sich bei den altjapanischen Geschäftsleuten noch bis heute erhalten. Es ist etwas Alltägliches, daß der fremde Importeur Indents für Waren aufnimmt. Während es in Deutschland ausgeschlossen wäre, daß ein Kaufmann dem andern die Option auf ein größeres Geschäft ohne Entgelt einräumt, ist dies in Japan und man kann sagen in ganz Asien noch immer der Fall. Allerdings haben die Grundlagen und Ursachen, aus denen der Indent von den Kunden gegeben wird, mit der modernen Entwicklung des japanischen Handels eine Verschiebung erfahren. Der Japaner gibt heute den Indent sehr oft, nicht weil der Importeur Gelegenheit haben muß, die Order auf ihre Durchführbarkeit in Europa zu untersuchen, sondern um die billigsten Preise zu erfahren, zu denen er den Artikel kaufen kann. In dem Bewußtsein, daß keiner von den Importeuren liefern kann, wenn er seinen Preis zu niedrig ansetzt, gibt er in solchen Fällen den Indent an 4 oder 6 Firmen zu gleicher Zeit. Durch Vergleich der Offerten findet er dann heraus, wo er am billigsten unter Bewilligung der notwendigen Preiserhöhung kaufen kann.

Was also früher eine für den Importhandel sehr erwünschte geschäftliche Einrichtung war, hat sich in der Zeit des Telegraphen zum Teile zu einer den Importeuren viele unnütze Kosten verursachenden und die Konkurrenz unter den Importeuren stark verschärfenden Usance entwickelt.

Trotzdem muß man sagen, daß durch den Indent das Importgeschäft noch immer bedeutend erleichtert wird, und daß der Indent für viele Handelszweige seine Berechtigung behalten wird. Der Indent ist heutzutage dann überflüssig, wenn sich der Importeur telegraphisch mit seinem europäischen Hause rasch verständigen kann, oder wenn der Kunde darauf warten will, bis der Importeur auf eine ihm einfach gestellte Anfrage innerhalb eines oder zwei Monaten offeriert. In letzterem Falle kann es sich nur um Artikel handeln, deren Preise größeren Schwankungen nicht unterworfen sind.

Ablieferung von Maschinen in Japan.

Zu einer Reihe von Betrachtungen führt es uns, wenn wir uns die Ablieferung von Maschinen in Japan näher ansehen. In Deutschland kommt es meist auf eine Erfüllung geleisteter Garantien durch Probeversuche hinaus, und wenn dieselben gut abgelaufen sind, steht der Zahlung entsprechend dem Kontrakte gewöhnlich nichts mehr entgegen. In Japan geht es oft einfacher, zuweilen aber schwieriger zu als bei uns. Es kommt vor, daß man Maschinen abliefert, indem man dieselben einfach dem Kunden schickt, nachdem er dafür Zahlung geleistet hat, und daß man dann von der Maschine nichts weiter hört. Die Japaner sind stolz darauf, wenn sie sich eine komplizierte Maschine ohne Hilfe des Fremden selbst montieren können, und das kann dem Fremden nur recht sein. Eines Tages lieferten wir einer Blechwarenfabrik 6 verhältnismäßig große Pressen und Scheren, zu denen hierzulande jeder Blechwarenfabrikant einen Monteur für die Aufstellung verlangt hätte. Zwei Tage nach Ablieferung der Maschinen bat der Kunde um meinen Besuch und zeigte mir die Maschinen sämtlich fertig montiert und an die Transmissionen angeschlossen.

Ganz anders liegen die Verhältnisse für die Ablieferung einer Maschine, wenn der Kunde nicht bezahlen will, oder wenn man unvorsichtig genug war, einem schlechten Kunden die Maschine ohne Sicherstellung der Zahlung auszuliefern. Dann will es mit der Maschine nicht gehen, der Kunde findet jeden Tag neue Schwierigkeiten heraus und verlangt peinlichste Einhaltung der für die Leistungsfähigkeit der Maschine gemachten Angaben. Der Schluß ist, daß man ihn durch großen Preisnachlaß und Erleichterung der Zahlung bewegen muß, die Maschine abzunehmen, trotzdem man überzeugt ist, seiner Bestellung entsprechend geliefert zu haben. Der Exporteur kommt eben in die Zwangslage, entweder die Maschine, auf welche die große Fracht und der bedeutende Zoll gezahlt worden sind, in seinem Lagerhause verrosten zu lassen, oder den Wünschen des Kunden, der die Zwangslage des Importeurs genau kennt, nachzugeben.

Ablieferung kompletter Anlagen.

So liegt es für einzelne Maschinen, für komplette große Anlagen muß sich der Importeur noch in vieler anderer Beziehung vorsehen.

Montage in Japan.

Wenn die Montage größerer Fabriksanlagen durch einen europäischen Monteur erfolgen soll, werden stets zumindest die folgenden Klauseln in den Kontrakt mit dem Kunden aufzunehmen sein. Der Käufer hat dafür zu sorgen, daß die Fundamente und sonstigen Vorarbeiten bis zur Ankunft des Monteurs vollständig in Ordnung sein müssen. Ferner daß der Käufer dem Monteur einen Übersetzer und eine bestimmte Anzahl von Hilfsarbeitern sowie das zur Montage und Inbetriebsetzung erforderliche Material, Beleuchtung usw. beistellt. Die Anzahl und Qualität der Hilfsarbeiter muß im Kontrakte angegeben werden, da eine allgemeine Vorschrift von dem japanischen Bauherrn vielleicht zu sehr in seinem Sinne ausgelegt würde. Der Japaner hat bis zu einer gewissen Grenze ein Interesse daran, daß der fremde Monteur, wenn die Montage pauschaliert worden ist, recht lange in Japan bleibt, denn die Verzögerungen gehen zu Lasten des Importeurs, und er und seine Leute haben Gelegenheit umsomehr von dem Monteur zu lernen, je länger derselbe verbleibt. Es ist mit aus diesem Grunde, dann aber auch zufolge der großen Langsamkeit, mit der die Japaner bauen, notwendig, in dem Kontrakte mit dem Kunden klar zu bestimmen, bis zu welchen Grenzen der Importeur den Monteur bezahlt, und daß irgendwelche Verspätungen in der Montage, wenn dieselben nicht direkt durch den liefernden Teil verursacht wurden, zu Lasten des Käufers gehen. Zu bedenken ist hierbei, daß ein Kunde, der eine große Zahlung sofort nach Inbetriebsetzung der Fabrikanlage zu leisten hat, zufolge etwaigen Geldmangels die Absicht haben kann, die Zahlung durch Verzögerung der Inbetriebsetzung hinauszurücken. Für die Zahlungen, die nach Auslieferung der Maschinen zu leisten sind, sucht man sich so zu decken, daß man sich das Eigentumsrecht an den Maschinen vorbehält und dieselben gegen Feuersgefahr versichert. Die Kosten der Versicherung hat der Kunde zu tragen. Man überzeuge sich auch, auf wessen Grund und Boden gebaut werden soll.

Bei solch einer Montage geht es ganz eigentümlich zu. Obgleich der Bauherr weiß, daß der fremde Monteur seine Maschinen besser kennen muß als irgendein anderer, so sucht er ihn dennoch durch seinen japanischen Konsultingingenieur zu bevormunden. Für jede Kleinigkeit, die der Monteur braucht, findet eine Beratung statt, der Monteur wird um seine Meinung gefragt, desgleichen der Konsultingingenieur, und nachher macht der Bauherr das, was billiger ist, oder er hält sich überhaupt nicht daran und veranlaßt direkt, was er für gut hält. Der fremde Monteur kann aus Japan wegen einer Meinungsverschiedenheit, oder weil er durch dieses Eingreifen des Bauherrn gekränkt wird, nicht zurückreisen und muß sich schlecht und recht, je nach seiner Veranlagung, in die Verhältnisse hineinfinden. Schlimm ist es ja manchmal, von einem japanischen Kollegen ein abfälliges Urteil über eine Konstruktion zu hören, die in Deutschland als mustergültig angesehen wird, und andererseits sich zu überzeugen, daß dieser Herr, der eben in der betreffenden Fabrik eine große Rolle spielt, wenig Ahnung vom modernen Maschinenbau besitzt. Ich erinnere mich, daß ich einem Fabrikbesitzer, der in seinem Kesselhause als einzige Speisevorrichtung eine alte, von dem versunkenen amerikanischen Schiffe Dakota gehobene und aus allen Fugen blasende Schiffspumpe verwendete, darauf aufmerksam machte, daß ein Unfall an dieser Pumpe den Stillstand seiner Fabrik hervorrufen müßte, und daß noch eine zweite Speisevorrichtung als Reserve notwendig sei. Der Konsultingingenieur wurde herbeigerufen und erklärte, daß für einen Kessel nur eine Pumpe notwendig sei, denn ebenso wie die Pumpe zugrunde gehen könnte, könnte auch der Kessel zugrunde gehen. Allerdings hatte er in diesem Falle nicht ganz so unrecht, weil der Kessel von einem kleinen Kesselschmied aus altem Material hergestellt war und einen dementsprechend wenig vertrauenserweckenden Eindruck machte.

Der Monteur.

Für eine Montage in Japan und wohl auch in allen überseeischen Gebieten braucht man einen ganzen Mann als Monteur. Nicht nur, daß er die technischen Detals seiner Maschine beherrschen muß, er muß imstande sein, sich in die Verhältnisse des ihm bisher unbekannt gewesenen Gebietes, dessen Sprache selbst ihm völlig fremd ist. in kürzester Zeit hineinzufinden und auf die ihm beigegebenen eingeborenen Hilfskräfte einen bestimmenden Einfluß auszuüben. Es ist auch etwas ganz anderes für einen Mann, in zuweilen tropischer Hitze zu arbeiten und dabei trotz der vielen Hindernisse, die er zu überwinden hat, seine Ruhe zu bewahren.

Die Stellung des Monteurs im Auslande wird auch dadurch komplizierter, daß er drei Herren zufrieden stellen muß. Seine Fabrik verlangt von ihm schnelle und zufriedenstellende Arbeit mit möglichst wenig Auslagen für Rechnung der Fabrik. Der Bauherr verlangt, daß sich der Monteur seinen Wünschen anpaßt, wenngleich darunter die Ausführung der Maschine und die Sicherheit der Anlage leiden muß, und der Importeur wünscht auf der einen Seite, daß die Anlage eine tadellose Referenzanlage wird, und auf der anderen Seite, daß die Wünsche des Kunden berücksichtigt werden, damit er selbst möglichst bald zu seinem Gelde kommt. Allen dreien ist der Monteur Rechenschaft schuldig.

Der Monteur, der nach dem Auslande geht, um eine größere Fabriksanlage aufzustellen, hat damit zu rechnen, daß der eine oder andere Teil zerbrochen ankommen wird oder verloren geht. Er muß also nicht allein imstande sein, Maschinenteile zusammenzupassen, sondern auch eventuell komplizierte Teile selbst herzustellen.

Für Montage im Auslande sollen nur ältere gesetzte Männer verwendet werden, welche sich ihrer wirklichen Stellung auch innerhalb vollständig geänderter Verhältnisse bewußt bleiben und nicht dazu neigen, dadurch, daß ihnen im Auslande eine große Verantwortung und Bedeutung verbunden mit einem entsprechend guten Einkommen zufällt, dies gegen ihre Auftraggeber auszunützen. In einem Falle war der Monteur einer Maschinenanlage, welche dringend gebraucht wurde, nur durch fortgesetzte Geldgeschenke seitens des Kunden und seitens des Importeurs dazu zu bewegen, die Anlage fertigzustellen. Die Verantwortung für ein derartiges Benehmen ihres Monteurs fällt natürlich der Fabrik zu.

Den großen Anstrengungen und Mühseligkeiten, die der Monteur im Auslande hat, steht aber auch manches gegenüber, das einem hiesigen Monteur stets ferne bleibt. In Europa erhält der Monteur, nachdem die aufgestellte Maschine mit allen möglichen Schikanen geprüft wurde, ein Zeugnis über die Abnahme der Maschine und über sein Betragen und wird in Gnaden entlassen. In Japan sieht der Bauherr den Monteur als den Vertreter einer großen Fabrik an, mit der er sich durch seine Maschinenanlage in Verbindung weiß. Der Japaner weiß es auch zu schätzen, daß ihm der Monteur sein ganzes Können in Form von Ratschlägen über alle den Fabrikbetrieb betreffenden Fragen zur Verfügung gestellt hat. Daneben wirkt die deutsche Gründlichkeit und Gewissenhaftigkeit eines guten Monteurs, der es sich in manchen Dingen hätte leichter machen können, auf einen Asiaten, welcher gewohnt ist, stets das Minimum dessen zu bekommen,

Scherbak. 6

was er sich ausbedungen hat, ganz außerordentlich ein. Um sich dankbar zu zeigen, ist es üblich, daß der Bauherr nach Fertigstellung der Fabrik ein Einweihungsfest veranstaltet und dabei den Monteur reich beschenkt. Vor Abfahrt des Monteurs wird ihm gewöhnlich noch ein Abschiedsdiner gegeben, um dem Monteur die besten Eindrücke des Landes auf die Reise zu geben. Auch der Importeur sucht sich dem Monteur erkenntlich zu zeigen.

Maschinenfabriken, die einmal so weit sind, daß sie einen Monteur auf einem überseeischen Gebiete beschäftigen, suchen mit vermehrtem Interesse das Geschäft für diesen ihnen dadurch näher liegenden Bezirk zu forcieren, und es ist in ihrem Sinne, wenn der Importeur die Anwesenheit des Monteurs benützt, um weitere Kunden zu interessieren. Daß ein fremder Monteur für eine bestimmte Spezialität im Lande ist, spricht sich sehr bald herum, und jedermann, der eine ähnliche Anlage hat oder eine solche anlegen will, ist gern bereit, von dem Monteur Ratschläge zu hören. Ein guter Monteur kann sehr viel dazu tun, um seiner Fabrik Aufträge zu verschaffen. Deshalb soll aber auch jede Fabrik, die einen Monteur aussendet, darauf sehen, daß derselbe reichlich mit Katalogmaterial ausgestattet ist und mit der beiläufigen Kostenberechnung für die betreffenden Maschinen vor seiner Ausreise bekannt gemacht wird. Die Eigentümlichkeit seiner Stellung im Auslande bringt es eben mit sich, daß er zuweilen den Reiseingenieur zu spielen hat.

Die Anforderungen an einen Überseemonteur sind so hohe und dabei so interessante, daß ich die Zeit kommen sehe, in der so mancher energische Ingenieur es vorziehen wird, als Monteur nach Übersee zu gehen, statt zu Hause an einem Zeichentische grau zu werden.

Die Sachverständigen in Japan.

Der Montage folgt die Abnahme und die Erledigung etwaiger Differenzen durch Sachverständige, mit denen wir uns auch beschäftigen müssen.

Erstattung von Gutachten.

Jeder größere Hafenplatz hat einen Sachverständigen von Lloyds. Ferner beschäftigt sich eine Zahl der in den Hafenplätzen

ansässigen Ingenieure gelegentlich mit der Erstattung von Gut
achten. Die Handelskammern und Konsulate übernehmen die
Ernennung von Sachverständigen. Die Gutachten werden ab-
gefaßt in der folgenden Weise. Zunächst werden darin genannt:
der Dampfer, der die Waren brachte, der Ankunftstag und die
Kistennummern der beanstandeten Waren. Dann wird gesagt,
ob oder welche Veränderungen mit den Waren seit der Landung
vor sich gegangen sind. Dann folgt ein Befund, wie die Waren aussehen, ob sie beschädigt sind, oder welche Mängel sonst vorliegen.
In dem folgenden drückt der Sachverständige seine Meinung aus,
auf welche Ursachen die vorgefundenen Mängel zurückzuführen
sind. Es wird speziell ein großer Unterschied darin gemacht,
ob die Mängel der Maschinen oder sonstigen Waren auf schlechte
Lieferung oder schlechte Verpackung seitens des Fabrikanten
zurückzuführen sind oder auf einen Unfall während des Trans-
portes. In dem einen Falle ist der Maschinenfabrikant haftbar,
in dem anderen Falle die Versicherungsgesellschaft. Natürlich
gibt es Fälle, wie z. B. die Beschädigung eines Maschinenteils
ohne ausgesprochenen Bruch, in denen es zweifelhaft ist, ob dieselbe durch zu schwache Konstruktion oder durch schlechte Verpackung oder durch Umfallen der Kiste entstanden ist. In diesen
Fällen hängt für den Maschinenfabrikanten viel von der Stellungnahme des Sachverständigen ab.

Im nächsten Punkte des Gutachtens spricht der Sachverständige sein Urteil darüber aus, ob die beschädigte Maschine zu
reparieren ist, oder ob der Importeur eine mangelhaft befundene
Maschine mit Preisnachlaß verkaufen soll, oder im schlimmsten
Fall, ob die Maschine als zu sehr beschädigt und unbrauchbar
auf Auktion geworfen werden soll. Zur Beurteilung alles dessen
gehören auch kaufmännische Kenntnisse und eine sehr gute
Kenntnis des betreffenden Marktes. Das Sachverständigen-Gutachten wird mit Beglaubigung des Konsulats nach Europa weiter-
gegeben, und nach Zahlung des Honorars für den Gutachter,
das für eine Begutachtung ca. 50 bis 100 M beträgt, ist die Aufnahme des sogenannten Survey beendet. Wenn es sich nur um
einen kleinen Schaden handelt, für den das Sachverständigen-
Honorar unverhältnismäßig groß sein würde, und wenn der Fall
nicht schnell erledigt werden muß, fragt der Importeur den Fabrikanten gewöhnlich zuerst an, ob er einen Survey aufnehmen lassen

oder die Preisermäßigung, zu der der Importeur seinem Kunden gegenüber gezwungen ist, übernehmen will. Die Kosten des Surveys trägt derjenige Teil, zu dessen Ungunsten der Gutachter entschieden hat. Wer sich also im Unrecht fühlt, wird sich wenigstens die Kosten des Gutachtens zu ersparen suchen.

Schlecht liefernde Fabriken.

Heutzutage sind manche Gutachter laufend beschäftigt und haben ein glänzendes Einkommen für eine recht geringe Mühewaltung, weil es noch immer so und so viele Fabriken gibt, welche glauben, für den Export irgendetwas liefern zu können. Was soll man dazu sagen, wenn eine Fabrik statt funkelnagelneuer Ware eine Kiste vollständig alter, mit Grünspan und Schmutz überzogener Messinghähne nach Japan schickt, von denen ein Teil alte Brüche aufweist, und wenn dann die Firma, auf eine Reklamation hin, sich auf ihren guten Ruf bezieht und jede Verantwortung für die wirklich elende Lieferung ablehnt. Solche Fälle, so unglaublich sie sind, kommen vor und bringen den Fabrikanten und den Importeur der betreffenden Waren in Mißkredit. Der einzige der sich darüber freut, ist der Begutachter und der Advorkat, der zu Hause den betreffenden Prozeß übernimmt. Die schlechten Lieferungen mancher in Japan früher nicht bekannter Firmen sind die Ursache, daß die Japaner nur wenige, ihnen als stets gut liefernd bekannte Fabriken zur Konkurrenz heranziehen und jeder neuen Fabrik mit Mißtrauen gegenüberstehen. Indirekt sind gelegentliche schlechte Lieferungen einzelner deutscher Fabriken von großem Nachteile für den ganzen deutschen Maschinenexport. Ich glaube, es wäre nicht unberechtigt, wenn seitens der Maschinenfabriken eine Stelle geschaffen würde, der die Exporteure besonders schlechte Lieferungen und die bezüglichen Sachverständigen-Gutachten zur Kenntnis bringen könnten. Von dieser Stelle aus könnten dann umgekehrt die anderen Exporteure vor gewissen Firmen, die den deutschen Maschinenhandel durch gewissenlose Lieferungen schädigen, vertraulich gewarnt werden. Dies wäre umsomehr am Platze, weil die Mängel einer schlechten Lieferung erst nach Ankunft auf dem überseeischen Platze zu erkennen sind, während der Fabrikant bereits gegen Verschiffung volle Bezahlung erhielt. Diejenigen deutschen Firmen, die es sich zum Prinzip gemacht haben, für den Export stets in guter Qualität zu liefern, sind dagegen z. B. in Japan ganz allgemein bekannt und machen ein bedeutendes Geschäft. Maschinen solcher Firmen werden einfach nach Katalog gehandelt, sehr oft wissen die Kunden die bezüglichen Telegrammworte der einzelnen Typen auswendig; das ist ein Resultat, das jede in den Exporthandel eintretende Firma anstreben sollte.

Das große Maschinengeschäft.

Nachdem wir gesehen haben, welche Faktoren für die Abwicklung des Maschinengeschäftes in einem Überseestaate in Betracht kommen können, wollen wir uns jetzt einmal damit beschäftigen, wie es anzufangen wäre, das Maschinengeschäft eines solchen Landes, z. B. Japans, an der Wurzel zu erfassen und in großem Maßstabe zu machen. Dazu müssen wir uns die Entwickelung und Organisation der Industrie eines solchen Staates vor Augen halten. Der größte Einfluß auf die Entwicklung der japanischen Industrie geschieht wie überall durch die daran interessierten Kapitalisten. Wer demnach die großen Maschinenlieferungen für Japan bekommen will, muß sich einen Platz unter den Kapitalisten der Industrie erwerben, d. h., wer der japanischen Industrie Kredite einräumen kann oder Kredite vermitteln kann, wird gegen jede nicht derartig unterstützte Konkurrenz die kompletten Maschinenlieferungen erhalten.

Finanzierung japanischer Fabriken.

Die japanische Industrie wächst derartig, daß sie mehr Kapital für Investitionen braucht, als Japan selbst ihr zur Verfügung stellen kann. Auf der anderen Seite sind viele Industrien in Japan so lohnend, daß die heute für Fabriken investierten Kapitalien binnen einigen Jahren aus den Erträgnissen zurückgezahlt werden können. Der Geldbedarf und die Möglichkeit baldiger Rückerstattung sind so günstige Vorausbedingungen für das Anleihegeschäft, daß dasselbe in allen industriellen Zweigen Japans gang und gäbe geworden ist.

Der heute in Japan übliche Weg zur Errichtung einer großen Fabrikanlage beginnt damit, daß sich die Projektanten der Fabrik, die sogenannten Promotors, durch eine fremde Firma eine Kostenaufstellung machen lassen, um sich auszukalkulieren, wieviel Investitions- und Betriebskapital beschafft werden muß. Dann bieten die Promotors der fremden Firma die Bestellung der Maschinen an, für den Fall, daß die fremde Firma ihnen nicht nur den für die Maschinen selbst nötigen Betrag, sondern meist eine bei weitem größere Summe selbst leiht oder ihnen dafür eine Anleihe in Europa vermittelt. Als Garantie für die Anleihe werden Grundbesitz und sonstige Immobilien angeboten. Wenn die Verhältnisse günstig sind, findet sich eine japanische Bank von gutem Namen bereit, ihrerseits gegen eine Entschädigung für die gebotenen Garantien die Haftung zu übernehmen, wodurch das ganze Geschäft für den fremden Kaufmann auf eine sichere Grundlage gebracht wird. Die Garantie einer guten japanischen Bank genügt dem Importeur als Deckung, so daß er entweder nur auf Grund dieser Bankgarantie, oder indem er sich auch selbst noch für die prompte Rückzahlung verpflichtet, die notwendige Anleihe in Europa aufzunehmen in der Lage ist. In normalen Fällen steht sich der Importeur bei einem derartigen Geschäfte gut, denn er bekommt als der finanzierende Teil des neuen Unternehmens viel günstigere Preise für sämtliche Lieferungen, als wenn er sich in freier Konkurrenz um die Lieferungen beworben hätte. Außerdem verdient er eine Kommission für die Beschaffung des Geldes, und die Differenz an Kapitalszinsen zwischen den Raten, die er bezahlt, und denen, die er bezahlt bekommt. Selbstverständlich behält sich der finanzierende Teil das Eigentumsrecht an dem neuen Unternehmen vor, bis die Anleihe zurückgezahlt ist.

Die Japaner bzw. die Promotors stehen sich bei einem derartigen Anleihegeschäft noch besser. In Wirklichkeit haben sie die Fabrik mit fremdem Gelde gebaut, und wenn nach so und so viel Jahren die Anleihe aus den Erträgnissen des neuen Unternehmens zurückbezahlt worden ist, dann nennen diese Leute ein großes Unternehmen ihr eigen und haben also nur mit dem Einsatze einer gesunden Idee und persönlicher intelligenter Arbeit ein glänzendes Geschäft gemacht.

Die Vorteile die der Importeur den japanischen Unternehmern durch die Vermittlung einer Anleihe bietet, sind so bedeutend, daß er einen gewissen Anspruch hat, an den Erträgnissen der durch ihn mit ins Leben gerufenen Fabrik in irgendeiner Form teilzunehmen. Entweder sichert er sich einen Teil des Reingewinnes, oder er übernimmt auf eine Reihe von Jahren die Lieferung der benötigten Materialien oder den kommissionsweisen Verkauf der erzeugten Waren. Selbstverständlich wird er sich auch zukünftige Maschinenlieferungen zu sichern wissen.

So einfach, wie wir es eben geschildert haben, geht es natürlich nicht immer zu. Meinungsverschiedenheiten unter den Promotoren, die Beeinflussung derselben durch Konkurrenten des Importeurs und das Bestreben der Japaner, auch wenn sie von dem Fremden in ein abhängiges Verhältnis gekommen sind, dennoch alles so zu machen, wie es ihnen paßt, tragen vielen Unfrieden und Störungen in das Werk. Dadurch wird manches Geschäft, welches sich bei uns angenehm und schnell abwickeln ließe, zu einer dornenvollen Aufgabe für den fremden Kaufmann. Wenn es ihm gelungen ist, trotz einer Unmenge von Hindernissen seinen Plan zu einem guten Ende zu bringen, dann ist ihm der reichliche Lohn wohl zu gönnen.

Bildung japanischer Aktiengesellschaften.

Ein Mittelding zwischen rein japanischer und rein fremder Kapitalisierung eines Unternehmens wird es, wenn japanische Promotoren zusammentreten, um eine Aktiengesellschaft zu bilden. Einen Teil der Aktien placieren sie im Inlande, der andere Teil wird fremden Firmen unter Zusage der Lieferungen angeboten. Bei einem solchen Unternehmen ist die Stellung des Fremden eine verhältnismäßig ungünstigere, als wenn er das Unternehmen völlig allein finanziert hätte. Trotzdem er nach Übernahme einer großen Zahl von Aktien in den Verwaltungsrat der neuen Gesellschaft gewählt wird, hat er, da die Japaner klug genug sind, die Majorität in der neuen Gesellschaft für sich zurückzuhalten, so gut wie nichts zu sagen. Die Bücher der Aktiengesellschaft werden auf Japanisch geführt, so daß sie der Fremde nur mit den allergrößten Schwierigkeiten kontrollieren kann. Den Debatten in den Versammlungen kann er nur sehr schwer folgen.

Erregte Debatten sind schließlich auch in Generalversammlungen europäischer Aktiengesellschaften keine Seltenheit, trotzdem sich in diesen Versammlungen hauptsächlich die finanziellen Interessen der Teilnehmer begegnen. In einer Versammlung von Aktionären aber, die zum Teil japanisch, zum Teil europäisch sind, treffen auch die oft vollständig differierenden Ansichten über geschäftliche Prinzipien und die nationalen Gegensätze aneinander. Das Ende vom Liede ist, man kann sagen nahezu regelmäßig, der Austritt der Fremden aus dem Unternehmen. Es kann demnach die direkte finanzielle Beteiligung von Fremden an einem Unternehmen wenig empfohlen werden, wenn die Japaner darauf bestimmenden Einfluß besitzen. Wer von einer japanischen Aktiengesellschaft die Maschinenlieferung bekommen will, tut viel besser daran, einem einzelnen ihm gut bekannten japanischen Kaufmann das Geschäft finanziell so zu erleichtern, daß dieser gegen Zeichnung von Aktien usw. die Maschinenlieferung übernimmt und als einfache Bestellung an den Importeur weitergibt. Im letzten Ende kommt es also auch bei diesen Geschäften darauf hinaus, daß derjenige Fremde, der große Maschinenlieferungen nach Japan machen will, immer den Weg des Geldleihers gehen muß.

Fehlerhaftes Maschinenverkaufen.

Es ist merkwürdig, zu beobachten, wie falsch manche Firmen oder Ingenieure dem Maschinengeschäfte nachgehen. Solch eine Firma besorgt z. B. ein großes Projekt und alle Vorerhebungen dazu und beschränkt sich darauf, für die erforderlichen Maschinen Preise abzugeben und den Kunden durch einen Verkäufer in kurzen Zeitintervallen um die Bestellung ersuchen bzw. drängen zu lassen. Wenn der Kunde gar zu lange Zahlungsfristen oder eine Anleihe verlangt, wird er von der Firma glatt abgewiesen, weil so etwas angeblich unmöglich sei, und die Firma sieht das Geschäft als gescheitert an. Der Kunde jedoch geht an andere Firmen heran, zeigt ihnen, daß er mit seinem Projekte Geld verdienen kann, und bringt schließlich die Finanzierung durch eine fremde Firma oder die Bildung einer Gesellschaft zuwege. Die Firma, die für das Unternehmen die ersten Projekte ausgearbeitet hat und vielleicht die ganze Idee des Unternehmens nach Japan gebracht hat, erfährt durch die Zeitungen, daß der Kunde auf irgendeinem Wege die Mittel zur Ausführung seiner Pläne erhielt, bemüht sich natürlich auch um das Geschäft, aber zu spät. Die Verhältnisse in Japan sind heute so, daß die großen Lieferungen in der Mehrzahl durch einige wenige, meist englische und amerikanische Importeure placiert werden, die neben dem Importgeschäfte zugleich das Anleihegeschäft betreiben. Der Rest der Importfirmen muß sich mit Einzellieferungen von Maschinen und kleineren Maschinenanlagen begnügen, für die die Kunden Kredite nur in normaler Weise in Anspruch nehmen.

Japanische Banken als Konkurrenz der Importeure.

Die japanischen Banken und Bankiers versuchen selbstverständlich das Anleihegeschäft unter Ausschaltung der fremden Importeure zu machen. Die japanischen Banken gliedern sich in die Staatsbank und eine von diese abhängige Industriebank; ferner hat Japan eine ganze Reihe größerer privater Bankinstitute und eine in die Hunderte gehende Zahl von kleinen Banken. Der Bankbegriff scheint da sehr dehnbar zu sein, denn man findet zuweilen irgendwo ein kleines Häuschen, das wir als eine Hütte bezeichnen würden, mit einer großen Überschrift: „Japanese American bank-syndikat" oder ähnliches. Von diesen kleinen Banken entstehen immerwährend neue, während andererseits viele davon wieder bankerott gehen. Für das Anleihegschäft kommen nur die großen Banken in Frage, die vollständig nach modernem Muster geleitet sind. Diese Institute haben zum Teil ihre eigenen Niederlassungen in London und New York und Vertretungen an allen Hauptplätzen des Geldverkehrs. Der Einfluß, den eine Bank in Japan hat, ist, da es sich um ein kapitalbedürftiges Land handelt, viel größer als der Einfluß einer gleich großen Bank es bei uns sein würde; man kann sagen, daß die japanischen Banken deshalb die besten Geschäfte für sich auszusuchen in der Lage sind. Zum Glück für die Importeure gibt es jedoch für die japanischen Banken heute noch eine ganze Reihe anderer sehr lohnender Geschäfte in ihrem Lande, und da die Banken nicht darauf eingerichtet sind, Lieferungen von Maschinen zu übernehmen, so suchen sie sich nur die großen unbedingt sicheren, glatten Anleihegeschäfte aus. Die anderen relativ kleineren Anleihegeschäfte bleiben den Importeuren, die die Anleihen billiger vermitteln können als eine japanische Bank, da ihnen ja neben der Kommission und dem Zinsengewinn aus der Anleihe noch der Gewinn aus der Lieferung erwächst. Die Fremden haben für solche Geschäfte auch den Umstand für sich, daß es sich da meist um Einführung einer ganz modernen industriellen Unternehmung handelt, für die sich der Fremde leichter und frühzeitiger die Rechte für Japan sichern kann als der japanische Bankier, der über den europäischen Markt nicht laufend orientiert ist. Wenn

die Japaner einmal so weit sein sollten, daß sie durch eigene Einkaufshäuser in Europa mit den europäischen Industrien in enge
Fühlung gekommen sein werden, dann werden die Anleihegschäfte,
verbunden mit Lieferungssgeschäften, weit mehr von den Japanern
als von Fremden gemacht werden. Unter den heutigen Verhältnissen besteht jedoch noch ein enormes Feld in Japan für das gemeinsame Zusammenwirken der deutschen Industrie und der
deutschen Geldinstitute.

Ich ging von der Frage aus, wie deutsche Fabriken den
japanischen Markt für Maschinen, an den sie heute weniger als
10 % des Bedarfs liefern, in größerem Umfange für sich erobern
können. Nach allem was gesagt wurde, muß die Möglichkeit
zugegeben werden, das Geschäft in weiteren Grenzen zu machen,
wenn es in dem von mir gezeigten Sinne verfolgt wird. Genau so
wie die großen technischen Unternehmen sich mit Banken alliiert
haben, um in Europa oder Südamerika unter gleichzeitiger
Finanzierung große maschinelle und elektrotechnische Bauten auszuführen, werden diese Institute gut daran tun, den japanischen
Markt zu studieren, um für ihn zugleich als Gründer, Kapitalisten
und Maschinenlieferanten in großem Maßstabe auftreten zu können.

Gründung europäischer Zweigfabriken in Japan.

Ich werde oft gefragt, ob es nicht empfehlenswert sei, daß
fremde Firmen ihre eigenen Zweigniederlassungen in Japan eröffnen, um die billigen japanischen Löhne auszunützen und zugleich an Zoll und Fracht zu sparen. Da diese Angelegenheit
mit der Lieferung von Maschinen zusammenhängt, will ich auch
darüber einiges sagen. Es gibt bereits mehrere Fabriken in Japan,
die ausschließlich europäischon oder amerikanischen Besitzern
gehören, z. B. existieren Wäschefabriken, welche das Rohmaterial
importieren und die fertige Wäsche wieder exportieren und, da
es sich nur um ein Veredelungsverfahren handelt, den Zoll für die
eingeführten Waren zurückerstattet bekommen. In größerem
Maßstabe existieren Unternehmungen, die von Fremden betrieben
werden, trotzdem man das Gegenteil annehmen sollte, in Japan
nicht, und dies hat seine guten Gründe.

Bei uns zu Hause hat der Kapitalist, der eine Fabrik besitzt,
gegenüber irgendeinem Arbeiter der ihm Konkurrenz machen wollte,
den Vorsprung, daß für den Betrieb einer solchen Fabrik ein be-

deutendes Kapital notwendig ist und außerdem eine gute kaufmännische Verkaufsorganisation. Ferner sind gewöhnlich die
Erträgnisse nur gut, wenn die Fabrikation in großem Maßstabe
betrieben wird. In Japan sind die Verhältnisse anders. Vor allem
rentieren sich industrielle Unternehmungen vielfach schon im
ersten Anfange. Es gehört also für einen Japaner nicht viel dazu,
für den Fall, daß ein Fremder eine Fabrikation eingeführt hat,
dieselbe nachzuahmen. Die Verhältnisse sind auch so, daß Nach-
ahmungen zu entsprechend billigeren Preisen leichten Absatz
finden. Es ist klar, daß wohl jede Industrie, die ein Fremder in
Japan auf seine Kosten begründen würde, wenn sie überhaupt
rentabel ist, sehr bald Konkurrenz finden und für den ursprüng-
lichen Fabrikanten mit der Zeit wenig Gewinn bringen wird.
Es ist jedoch noch ein anderer Grund gegen die Errichtung von
Fabriken durch Fremde vorhanden, der an sich allein genügen sollte,
von solchen möglichst abzustehen. Bedenke einer nur, daß der
Europäer die japanische Schrift nicht lesen kann und immerwährend die Hilfe von Übersetzern benötigt, und daß der europäische Fabriksbesitzer in die Verhältnisse seiner japanischen Arbeiter
und japanischen Beamten niemals vollständig klaren Einblick
bekommt. Dies geht so weit, daß es zum Sprichwort unter den
Fremden in Japan geworden ist: „Je länger man in Japan ist, desto
weniger versteht man die Japaner." Nun braucht aber jeder Fabrikbetrieb, der rationell arbeiten soll, unbedingt eine stramme
Organisation und sichere Leitung. Von einer sicheren Leitung einer
mit Japanern arbeitenden Fabrik durch einen Europäer kann aber
keine Rede sein, und dies ist der Hauptgrund, aus dem ich fremden
Kaufleuten nicht empfehlen kann, in Japan selbst zu fabrizieren.
Die natürliche Stellung des Fremden in Japan ist immer nur die
des Händlers und Vermittlers zwischen dem japanischen und den
europäischen Märkten. Die japanische Industrie selbst jedoch
lasse man den Japanern.

Ich muß bemerken, daß die Ursachen meiner Stellungnahme
nicht darin liegt, daß ich den Japanern irgendwie feindlich gesinnt
wäre. Ich habe mich bloß bemüht, herauszufinden, worin die
wahren Ursachen für das heutige Verhältnis zwischen den Fremden
und den Japanern zu suchen sind, und die Wege zu zeigen, die
von den Fremden beschritten werden können, ohne Enttäuschungen
zu erleben. Für die Fälle, in denen ich Fremden von Unter-

nehmungen abrate, liegt die Ursache zu dem verneinenden Rate
fast immer an natürlichen und unüberwindlichen Schwierigkeiten,
die sich durch das Zusammenarbeiten von Fremden und Japanern
ergeben müßten.

Die Korruption in Japan.

Als ich nach Japan kam und japanische Verkäufer engagierte,
wunderten sich diese, daß ich sofort Geschäfte machen wollte.
Einer von ihnen sagte mir, es gebe ein japanisches Sprichwort:
„Wer in Japan Geschäfte machen will, der müsse zunächst 3 Jahre
lang am Steine stehen und sehen, das Geschäft von anderen zu
lernen." Auch gebildete Japaner, z. B. ein Ingenieur, der in Europa
studiert hatte, sagte mir, daß ich Jahre brauchen würde, ehe ich
wissen werde, wie das Geschäft in Japan anzufangen sei. Da ich
mich auf ein langjähriges Warten auf Geschäfte nicht einlassen
konnte, habe ich mich redlich bemüht, hinter die Geheimnisse
des japanischen Marktes zu kommen, und fand, daß die Schwierigkeit, auf die verblümt hingewiesen worden war, nichts ist als die
in den Handelskreisen ziemlich verbreitete Korruption.

Es wird die manchmal unfaire Haltung von japanischen Kaufleuten und Angestellten damit begründet, daß der japanische
Handelsstand noch vor wenigen Jahrzehnten der verachtetste
Stand im japanischen Reiche war, und daß es deshalb einen langen
Zeitraum brauchen wird, ehe der Kaufmannsstand moralisch sich
mit unserem Handelsstande wird vergleichen können. Indem ich
vorausschicke, daß es auch heutzutage in Japan sehr viele ebenso
anständige wie tüchtige Kaufleute Industrielle und Beamte gibt,
will ich im nachfolgenden einige Beispiele anführen, die dem
Fremden, der nach Japan kommt, zeigen sollen, wie er sich dennoch
zuweilen vorzusehen hat. In anderen asiatischen Ländern dürfte
es nicht unähnlich aussehen.

Dienerschaft.

Ich fange mit der Dienerschaft an, die der Fremde in seinem
Hause beschäftigt. Einer meiner Bekannten erhielt eines Tages
die briefliche Bitte seitens der Modistin seiner Frau, er möge gestatten, daß die Rechnungen nicht in seinem Hause, sondern im
Laden der Modistin bezahlt werden, weil es ihr ganz unmöglich
sei, Rechnungen zu präsentieren, wenn sie nicht 10 oder 20 %

davon seinem Diener und seiner Dienerin abtrete. Eine Nachfrage
ergab, daß diese beiden, sonst äußerst bewährten und treuen
Dienerseelen seit Jahr und Tag einen entsprechenden Anteil an
allen Lieferungen an das Haus bekommen hatten, mit Ausnahme
der Lieferungen für die Küche, die dem Koch tributpflichtig sind.
Es ist etwas ganz Gewöhnliches, daß der Koch 20 % von allen
Lieferungen bekommt. Trotzdem man in Japan im Lande des
Reises lebt, bekam ich fast nie Reis auf den Tisch, weil er zu billig
ist und dem Koche nicht genug abwerfen würde. Mancher würde
sagen, daß man durch einen Wechsel des Personals sich helfen
könnte; dies ist jedoch ausgeschlossen, weil die Köche untereinander eine Zunft bilden, und ein Fremder, der einen Koch aus
ähnlicher Ursache entließe, keinen anderen bekommen würde.
Andererseits muß gesagt werden, daß die japanische Dienerschaft,
hauptsächlich was die Mädchen anbelangt, sehr geschickt, fleißig
und zugetan ist, so daß sich der Fremde mit den Verhältnissen
bald befreundet.

Korruption unter den Bantos.

Komplizierter und kostspieliger für den Fremden werden
Unregelmäßigkeiten seitens des Geschäftspersonals, und speziell
unter den japanischen Bantos sind leider eine ganze Zahl, die ihre
verantwortliche Stellung zu Unredlichkeiten ausnützen. Es ist
nichts seltenes, daß der Banto oder Verkäufer den Bericht bringt,
daß ein Kunde die ihm gelieferte Ware nur unter einem bestimmten
Nachlasse abzunehmen bereit ist. Bei dieser Gelegenheit verficht
der Banto zuweilen auch die Stellung des Kunden, während er
doch die Stellung seines Brotherrn wahren sollte. Später stellt
sich gelegentlich heraus, daß er die von dem Europäer nach-
gelassene Summe mit dem Kunden geteilt oder gänzlich selbst
behalten hat. Da der Fremde, wenn sein Geschäft über ein gewisses Maß entwickelt ist, unmöglicherweise jedem Geschäfte und
jedem Inkasso selbst nachgehen kann, ebensowenig wie bei uns
der Besitzer eines großes Handlungshauses dies tun könnte, so
ist einem Banto, wenn er will, reichliche Gelegenheit zur Bereiche-
rung auf Abwegen gegeben. Es kommt auch vor, daß der Banto
erklärt, es sei ihm nur möglich, ein gewisses größeres Geschäft zu
machen, wenn ihm erlaubt wird, auf Kosten der Firma seinen
Kunden große Geishadiners zu geben, die in einem guten japa-

nischen Teehause mehr kosten als ein Festessen in den teuersten europäischen Restaurants. Der Fremde kann oder will das auch nicht kontrollieren und zahlt. Alles, was der Banto so weit tut, tangiert den Fremden schließlich nicht, so lange die Geschäfte des Bantos nach völliger Abwicklung im ganzen genommen dennoch nutzbringend ausfallen; schlimmer ist es, wenn sich nach unseren Begriffen um direkten Betrug handelt.

So hatte einmal bei einer bekannten Firma ein Banto seinen Chef dazu gebracht, den Kunden längere Kredite zu geben, um der Konkurrenz anderer Firmen zu begegnen. Um jedoch die fremde Firma sicherzustellen, gab er der Firma seine persönlichen Akzepte, eigentlich eine mehr moralische Deckung. Der Banto machte tatsächlich gute Geschäfte und verdiente derartig, daß er mit Freunden privat eine kleine japanische Maschinenfabrik kaufte. Eines Tages machte er sogar seinem Chef das Angebot, daß er als weitere Garantie für seine Persönlichkeit 20 000 M hinterlegen will, wenn ihm das Haus gestatte, Geschäfte in gewissen neuen Linien zu machen um mehrere Hunderttausende von Mark mehr absetzen zu können. Sein Angebot wurde nach reiflicher Erwägung, ob die neuen Geschäfte nutzbringend sein werden, gerne angenommen und die 20 000 M als Deposit vom Banto hinterlegt. Eines Tages blieben verschiedene große Zahlungen guter Kunden aus, und es ergab sich folgendes: Der Banto hatte im allgemeinen die Zahlungen seiner Kunden rechtzeitig erhalten, seinem Hause aber mitgeteilt, daß die Kunden Aufschiebung der Zahlung verlangten. Von den großen Beträgen, die er dadurch in der Hand behielt, veruntreute er einen Teil, um ihn in seiner Maschinenfabrik zu investieren oder zu verjubeln, und 20 000 M dieser veruntreuten Beträge hatte er der betrogenen Firma als Garantie für sich hinterlegt. Merkwürdigerweise konnte die fremde Firma dem Banto nach Entdeckung der Defraudationen nicht an den Leib, weil die größten Kunden des Hauses erklärten, daß sie mit dem Hause nicht weiter arbeiten wollten, wenn dasselbe so grausam sein würde, ihren guten Freund, den Banto, den Gerichten auszuliefern. Das fremde Haus war vor die Frage gestellt, entweder Bestellungen im Auftrage von rund einer Million Mark jährlich zu verlieren oder sich das Vergnügen zu machen, den Banto seiner verdienten Strafe zuzuführen.

Einer anderen Firma passierte es, daß eines Tages ein ganz

junger Banto mit einem größeren Geldbetrage verschwunden war. Nachforschungen ergaben, daß er eine größere Warenlieferung, die für einen Kunden seines Distriktes bestimmt war, an einen anderen Käufer dirigiert und mit der Zahlung unter Begleitung von Geishas ins Gebirge entflohen war. Daran ist ja nichts Besonderes. Der Fall wird aber interessant dadurch, daß der Banto aus dem Untersuchungsgefängnis bei dem Chef der betrogenen Firma anfragen ließ, ob er sich mit ihm versöhnen wolle, da er in diesem Falle ohne Strafe davonkommen würde. Alles Bitten half diesmal nichts, der junge Mann wurde zu 6 Monaten Arrest verurteilt, und man dachte ihn in sicherem Gewahrsam, als er 2 Monate nach der Verurteilung wieder bei dem fremden Hause erschien und sich neuerlich um eine Stellung bewarb.

Bei dem jungen Manne konnte man von einem naiven Betrüger sprechen; in dem folgenden Beispiel handelt es sich dagegen um einen kalt berechnenden Menschen, der seine Veruntreuungen dem weiten Rahmen des Gesetzes angepaßt hatte. Es war dies ein Banto, der im Laufe der Jahre eine Summe von ca. 50 000 M seiner Firma veruntreut hatte und durch einen ihm feindselig gesinnten anderen Banto verraten worden war. Bei Gericht führte der Advokat des Bantos aus, daß keinerlei Kriminalfall vorliege, da der Banto in Gegenrechnung mit seiner Firma gestanden habe. Die Gegenrechnung sollte darin bestehen, daß der Banto vielfach Auslagen für die Firma gehabt hatte. Der Advokat verlangte die Verurteilung des Angeklagten auf Grund der handelsgesetzlichen Bestimmungen für zahlungsunfähige Schuldner.

Ein anderer Fall machte einem europäischen Importhause große Sorgen. Dem Hause bot sich ein Mann als Banto an, brachte gute Referenzen mit, und war in der Lage nachzuweisen, daß er in Bälde Bestellungen bekommen könne. Er wurde engagiert, bewährte sich sehr gut und brachte eines Tages die Bestellung eines japanischen Kaufmannes für ein recht großes Quantum einer Ware. Die Ware wurde auch importiert und abgeliefert, der Banto machte jedoch bezüglich der Zahlung alle möglichen Ausflüchte, und es stellte sich folgendes heraus: Der Banto war früher selbst Kaufmann und hatte einem Geschäftsfreund gegenüber eine Verpflichtung von 30 000 M. Um dem Manne das

Geld zurückzuerstatten, hatte er, ohne sein Geschäft aufzugeben, die Stellung als Banto angenommen und die große Bestellung von seinem Geschäftsfreunde in Gegenrechnung zur Ausführung übernommen. Der Geschäftsfreund hatte bereits die Ware weiterverkauft und erklärte, daß er einfach ein Geschäft mit dem Banto gemacht habe, das Importhaus jedoch gar nicht kenne und die Zahlung für die Ware dem Banto nicht geleistet habe, weil dieser ihm einen entsprechenden Betrag schuldig war. Der Banto hatte nämlich einen gefälschten Bestellschein des Kunden an das Importhaus gegeben, trotzdem er dem Kunden als Eigenhändler gegenüber getreten war. Dem Banto war es angenehmer, dem Fremden Geld zu schulden als seinem Landsmanne. Das Importhaus hatte sehr viel Mühe, um unter solchen Verhältnissen wieder zu seinem Gelde zu kommen.

Derartige Fälle kommen zuweilen vor, sind jedoch gewiß nicht die Regel. Worunter der fremde Kaufmann dauernd und deshalb in Wirklichkeit mehr leidet, ist, daß manche von den Bantos alles aufbieten, um den Fremden das Eindringen in die japanischen Verhältnisse zu erschweren. Man mag noch so lange in Japan sein, man wird immer wieder von solchen Leuten an der Nase herumgeführt. Dem Neuling geht es dabei selbstverständlich am schlechtesten.

Eines Tages, kurz nachdem ich nach Japan gekommen war, bot sich mir ein Mann an und erklärte so gute Beziehungen zu einer gewissen Hüttenwerksgesellschaft zu besitzen, daß er für ein vorliegendes großes Geschäft die Preise der Konkurrenz in Erfahrung bringen könne. Unter japanischen Verhältnissen mußte solch ein Anerbieten berücksichtigt werden. Für das Geschäft wurden einige Hunderte Mark Telegrammspesen gemacht und eine Offerte ausgearbeitet. Der Banto sagte jedoch, man möge noch einen Tag warten, bis er die Konkurrenzofferten in Erfahrung gebracht habe. Tatsächlich brachte er auch die Konkurrenzpreise und ich reichte meine Offerte mit einem geringeren Limit ein. Der Banto kam mit traurigem Gesicht zurück und sagte, er sei eine halbe Stunde zu spät gekommen, durch einen kleinen Aufenthalt, den er unterwegs hatte, so daß die Bestellung bereits an eine Konkurrenzfirma gegeben war, die den Auftrag auch nach Europa weitertelegraphiert hat. Die Wahrheit verhielt sich wie folgt: Der Termin für die Einreichung der Offerten, war einen Tag vorher abgelaufen, und die abgegebenen Preise der Konkurrenz waren allen Teilnehmern daran und allen denen, die der Eröffnung der Offerten beigewohnt hatten, bekannt. Das ganze Manöver mit der Offerteneinreichung am nächsten Tage und mit der Überbringung der Konkurrenzofferten hatte der Banto nur gemacht, um bei mir einen guten Eindruck zu erwecken. Dies war ihm so wichtig, daß wir unnützerweise einige hundert Mark Kabelspesen und eine Menge Mühe und Zeit für nichts hatten aufwenden müssen. Ich erwähne diesen Fall, der einem Fremden, der schon längere Zeit in Japan ansässig ist und etwas von der Sprache gelernt hat, nicht passieren kann, um zu zeigen, was dem Anfänger begegnen kann.

Recht unangenehm wird es, wenn man zufälligerweise einen Mann engagiert hat, der zugleich für zwei oder drei Häuser arbeitet, ohne daß man davon Kenntnis hat. Solch ein Mann hat einige große Verbindungen mit bedeutenden Kunden, die von ihm alles kaufen, was sie brauchen, und da der einzelne Importeur nicht alles machen kann, geht der Banto mit den anderen Geschäften, um seine Kommission nicht zu verlieren, zu zweiten und dritten Firmen und läßt sich dort ebenso wie von seinem ersten Auftraggeber Gehalt und Kommission bezahlen. Jede einzelne dieser Firmen glaubt, daß der Banto nur für sie allein arbeitet und bringt ihm auf Grund seiner Verbindungen Vertrauen entgegen. Bald findet der Banto heraus, daß die eine Firma z. B. von London aus billiger kaufen kann als die andere Firma, die in Deutschland ihr Einkaufshaus besitzt. Kommt ihm dann ein großes Geschäft unter die Hände, dann läßt er zu gleicher Zeit sämtliche fremde Firmen um Preise telegraphieren und macht das Geschäft mit derjenigen Firma, welche die billigsten Preise hat und deshalb für ihn die höchste Kommission einkalkulieren kann. Mit solch einem Manne hat man dann einen Spion im Hause, der alles, was er hört und sieht, zu seinem Vorteile ausnützt. So war in einer dieser Firmen ein anderer anständiger Banto, welcher einen ganz gesonderten Geschäftszweig bearbeitete. Wenn Telegramme für diesen Banto ankamen, erschien öfters ein Freund des betrügerischen Bantos zu einem kleinen Besuche. Es wurde später festgestellt, daß der unehrliche Banto sich von einem japanischen Konkurrenzhause dafür bezahlen ließ, daß er einem Boten dieses Hauses die eingetroffenen Telegramme zur Kenntnis brachte. Das fremde Importhaus hatte also die gesamten Kabelspesen und das japanische Haus hatte nur notwendig, die Preise des fremden Importhauses um eine Kleinigkeit zu unterbieten, um bei Tendern immer eine bessere Chance zu haben als der fremde Importeur selbst. Fälle wie der vorgenannte sind auch schon sehr erfahrenen Importeuren passiert. Es gibt dagegen nur den Schutz, die Bantos die man hat, so stark zu beschäftigen, daß ihnen die Lust vergeht, sich Nebenbeschäftigung zu suchen. Ferner ist es auch empfehlenswert, sich von neu eintretenden Bantos eine Garantiesumme für gutes und redliches Verhalten erlegen zu lassen.

Der Banto ist es nicht allein, der zuweilen auf Abwege geht, auch die besser gestellten Herren des Bureaupersonals zeigen manchmal etwas großen Egoismus. Ein bedeutendes Importhaus hatte, um das Inkasso nicht durch die Bantos machen zu müssen, einen besonderen Kassierer angestellt. Der Mann arbeitete auch zufriedenstellend, bis gelegentlich eines Direktionswechsels der neue Direktor die Kunden besuchte, und sich mit ihnen über die Verkaufspreise unterhielt. Es stellte sich heraus, daß der Kassierer mehrere Jahre hindurch die Rechnungen doppelt ausgestellt hatte, mit den höheren Beträgen, welche der Bestellung entsprachen, an die Kunden, und mit niedrigeren Beträgen für die Kopie in den Büchern der Firma. Angebliche Abzüge durch die Kunden mußten als Deckung herhalten. Die Differenz hatte er für sich behalten. — Als der Mann entlassen wurde, beklagte er sich außerordentlich darüber, daß man ihn damit viel zu schwer bestraft habe.

Zu einem Tender ging ich einmal persönlich, ohne einen Banto mitzunehmen. In dem Vorzimmer des Bureaus, in dem die Offerten abzugeben waren, fand ich ein halbes Dutzend Bantos der Konkurrenz in lebhafter Unterhaltung begriffen. Nachdem ich lange genug mißtrauisch gemustert worden war, kam einer der Bantos auf mich zu und frug mich, ob ich mich mit ihnen einigen wolle. Es sollte eine Firma den Auftrag zu dem höchstmöglichen Preise bekommen, dadurch daß alle anderen noch weit höher offerieren. Die Firma, die den Auftrag nimmt, sollte dann an jeden Banto, also auch an mich, eine Entschädigung bezahlen. Von dieser Zeit war ich bei jedem größeren Tender selbst zugegen, um meine Bantos zu kontrollieren und solche

betrügerische Einigung meiner Bantos mit den anderen zu ver
hindern.

Korruption in den japanischen Geschäftshäusern.

Es wäre ein Irrtum, zu glauben, daß sich die Korruption
nur in den Häusern und Geschäften der Fremden findet. Dieselbe
ist in japanischen Geschäftshäusern ebenso vorhanden. Ich
kenne einen Fall, in dem der Direktor einer großen Fabrik der
Schwiegersohn des Besitzers ist, trotzdem läßt er sich eine Kommission für sämtliche Lieferungen an die Fabrik zahlen.

Vor nicht zu langer Zeit gab es in Japan große Aufregung
wegen einer Defraudation von ca. 16 000 000 M bei einer großen
Zuckerfabrikgesellschaft. Wegen Veruntreuung von Geldern
und Annahme von Bestechungen wurden damals auf Betreiben
des Premierministers K a t s u r a , der einmal ein Exempel statuieren
wollte, neben den Direktoren der Gesellschaft ca. 40 Abgeordnete
verhaftet und bestraft. Um alle die Mittel zu beschreiben, durch
die das Geld der Aktionäre und Lieferanten in die Taschen der
Verurteilten geflossen war, würde man ein ganzes Buch allein
benötigen.

Um die Verhältnisse, wie sie heute noch an manchen Stellen
in der Annahme von Geschenken seitens der Einkäufer und
Direktoren von Gesellschaften bestehen, ins richtige Licht zu
bringen, muß gesagt werden, daß es sich eigentlich nur um eine
althergebrachte Sitte handelt, die zwar nicht mit unseren Anschauungen übereinstimmt, aber für die japanischen Verhältnisse,
man kann sagen für alle asiatischen Verhältnisse entsprechend
ist. Ich glaube daran, daß die Besitzer mancher Kaufhäuser
damit rechnen, daß ihre Angestellten für sich kleine Kommissionen
machen, und dies in den elenden Gehältern, welche selbst hohe
Beamte solcher Häuser beziehen, zum Ausdruck bringen. Daß
z. B. der Direktor einer großen Fabrik, die Hunderte von Arbeitern
beschäftigt, ein Gehalt von 100—200 M bekommt, macht meine
Ansicht wenigstens sehr wahrscheinlich.

Zuweilen gehen allerdings Einkäufer japanischer Gesellschaften zu weit, und ich will einen solchen Fall anführen:

Eine große Aktiengesellschaft, die eine große Zahl von
Beamten beschäftigt, hatte ein Einkaufsbureau, dem ein recht-
schaffener alter Japaner, trotzdem er keiner fremden Sprache

mächtig war, auf Grund seiner langen Dienstjahre vorstand. Da die Gesellschaft bedeutende Mengen europäischer und amerikanischer Waren benötigte, so hatte er einen Assistenten, der mit der englischen Sprache vertraut war und den Verkehr mit den europäischen Importeuren vermittelte. Einem meiner Bekannten war es durch Jahre unmöglich, bei dieser großen Gesellschaft ins Geschäft zu kommen, trotzdem er die günstigsten Offerten einreichte und mit einem hohen Beamten der Gesellschaft persönlich gut bekannt war. Es fiel ihm jedoch auf, daß, so oft er seinen Freund besuchte, ein anderer Japaner unter irgendeinem Vorwande der Besprechung beizuwohnen bemüht war. Jede Frage an diesen Beamten, der ihm vorgestellt wurde, in Englisch wurde mit einem Kopfschütteln beantwortet. Eines Tages hatte mein Freund den Einfall, diesen Beamten zu einem Diner einzuladen, und es stellte sich heraus, daß er, trotzdem er über ein Jahr lang auf eine englische Ansprache in Anwesenheit des anderen Beamten nie reagiert hatte, ein glänzendes Englisch sprach. Dieser Beamte erklärte, der Assistent des Einkäufers der Gesellschaft zu sein und auch außerdem gute Beziehungen zu anderen Gesellschaften zu besitzen. Mein Freund kam mit ihm überein, daß er gegen Vorausbezahlung eines verhältnismäßig hohen Betrages bestrebt sein wollte, die letzteren Verbindungen für die Firma meines Freundes nutzbar zu machen. Mit der Zeit entwickelte sich dieses Verhältnis nach anderer Richtung, der Beamte konnte meinem Freunde bei anderen japanischen Firmen nichts nützen, dagegen veranlaßte er, daß mein Freund bei der großen Kompanie des Beamten mit zur Konkurrenz zugelassen wurde. Die Verbindungen mit den anderen japanischen Häusern hatte der Beamte scheinbar nur vorgeschützt, um für die Annahme des großen Geldbetrages eine gute Deckung zu haben. Mein Freund hatte schließlich das erreicht, was ihm durch viele Jahre nicht gelungen war, Bestellungen für das große Unternehmen zu bekommen und war mit dem Arrangement mit dem Beamten ganz zufrieden. Nach und nach suchte er natürlich das Geschäft mit dem großen Unternehmen weiter auszudehnen auf eine Anzahl von weiteren Artikeln, wurde aber eigentümlicherweise von dem Beamten unter allen möglichen Ausflüchten daran gehindert. Mit der Zeit fand er heraus, daß dieser Beamte nicht nur mit ihm, sondern mit sämlichen Konkurrenten das gleiche Arrangement gemacht hatte. Der Beamte hatte sich ein System zurecht gelegt, nach dem er die großen Orders der Gesellschaft auf die vielen Konkurrenten so verteilte, daß jeder einzelne davon ein stetes Interesse daran hatte, daß dieser Beamte seine Stellung behielt. Dieser Beamte ist heutzutage ein reicher Mann, Mitbesitzer und Direktor eines großen Industrieunternehmens, sein früherer Vorgesetzter dagegen sitzt noch immer auf seinem Platze, wahrscheinlich als guter ahnungsloser Deckmantel für den Nachfolger des ebenso geschickten wie unehrlichen Beamten. Merkwürdig an diesem Falle ist es, zu konstatieren, daß auch in einer japanischen Gesellschaft zuweilen ein kleiner Beamter für die Lieferanten mehr tun kann als ein Direktor selbst.

Aus den angeführten Beispielen könnte man schließen, daß die fremden Kaufleute in Japan nicht abgeneigt sind, Einkäufern Zuwendungen zu machen. In Wirklichkeit verhält es sich so, daß jeder fremde Kaufmann froh wäre, wenn das Geschäft immer auf einer geraden, nach unseren Begriffen korrekten Weise gemacht werden könnte. Der Fremde ist jedoch gezwungen, der in Japan herrschenden Sitte der Entschädigung jeder Gefälligkeit durch Geschenke nachzukommen. Zum Glück sehen ja auch die besseren Klassen der Japaner ein, daß mit den althergebrachten Geschäftsusancen gebrochen werden muß. Ebenso wie die Japaner sich alle Errungenschaften unserer Kultur mit Erfolg anzueignen bemüht sind, so bin ich überzeugt davon, daß sie sich die Errungenschaften unserer Moral und vor allem der Rechtschaffenheit und Kulanz im Geschäftsverkehr zu eigen machen werden. Die japanische Regierung ist stets bereit, Fälle von Unregelmäßigkeiten ans Licht zu ziehen und die Schuldtragenden zu bestrafen. Es geht gerade jetzt in Japan ein Prozeß vor sich, den die Regierung sich nicht scheut, dem früheren Gouverneur von Formosa zu machen. Da darüber in den japanischen Zeitungen öffentlich geschrieben wird, darf ich hier einiges über die Vorgeschichte des Prozesses erzählen, um damit zugleich auch einen Fall der Korruption eines japanischen Regierungsamtes angeführt zu haben.

Der Formosa-Schwindel.

Formosa besitzt eine bedeutende Zuckerrohrkultur, welche bis zur Besitzergreifung Formosas durch die Japaner fast aus-

schließlich mit den primitivsten Einrichtungen arbeitete. Die
Japaner errichteten in der Erkenntnis der großen Wichtigkeit
der eigenen Zuckerproduktion ein besonderes Regierungsamt
zur Förderung der Zuckerkultur und zur Errichtung der modernsten maschinellen Anlagen. Das zur Verfügung stehende für
Zuckerrohr geeignete Land wurde in Bezirke abgeteilt, und es wurde
ein Gesetz geschaffen, nach dem Fabrikanlagen nur im Einvernehmen mit der Regierung gebaut werden durften. Das Gesetz
begünstigte die großen Unternehmer, da die Regierung auf modernen und entsprechend kostspieligen Einrichtungen der Fabriken
bestand. Außerdem wurde die Einfuhr des Zuckers von Formosa
nach Japan gegenüber der Einfuhr von fremdem Zucker erleichtert. Binnen wenigen Jahren entstand durch die Initiative
der Regierung eine Anzahl ganz bedeutender Unternehmungen
in Formosa, die fast durchwegs ein glänzendes Erträgnis abwerfen. Dadurch ließ sich ein Chinese, der einer der reichsten
Familien Formosas angehört — Formosa gehörte früher den
Chinesen —, dazu bewegen, bei dem Zivilgouverneur Formosas
um die Erlaubnis zur Errichtung einer großen Zuckerfabrik an-
zusuchen. Indem ich vorausschicke, daß die Chinesen in Formosa
als eine von den Japanern beherrschte Klasse gelten und zufolge
der Schwäche der chinesischen Regierung von den Japanern
manchmal nicht entgegenkommend behandelt werden, will ich
dem Leser die Abmachungen zwischen dem Gouverneur und dem
Chinesen verständlich machen. Für die Erteilung der Erlaubnis
zur Errichtung der Fabrik hatte der Chinese den Kaufpreis einer
solchen Fabrik, d. h. den Betrag von rund $3\frac{1}{2}$ Millionen Mark,
bei der Staatsbank von Formosa zu hinterlegen und die alleinige
Verfügung über das Geld dem Chef des staatlichen Zuckerbureaus
zu übergeben. Dieser Chef hatte für seine Mühewaltung Anspruch
auf ein großes Gehalt und für den Fall, daß er sich von seiner
Stellung als Berater des neuen Unternehmens zurückziehen sollte,
den Anspruch auf eine Entschädigung von ca. 100 000 Mark.
Dieser Chef sowie der erste staatliche Maschinen-Ingenieur
Formosas waren von dem Gouverneur instruiert. Die Aufgabe
des Ingenieurs war es, nachdem das Geld erlegt worden war, sich
um den Einkauf der Maschinen und sonstigen Erfordernisse für
den großen Bau zu bemühen. Gleichzeitig hatte dieser Ingenieur
so zu operieren, daß die Firmen, die die großen Bestellungen be-

kommen wollten, für ihn ganz bedeutende Kommissionen einschließen mußten. Es ist anzunehmen, daß der Gouverneur zumindest mit diesen Anordnungen des Ingenieurs bekannt war. Sämtliche dieser Kommissionen mußten sofort nach Anfang der Anzahlung an den Ingenieur ausbezahlt werden. Auf diese Weise wurde mit dem Bau der Fabrik angefangen, und die ganze Sache wäre wahrscheinlich nicht an die Öffentlichkeit gedrungen, wenn der Gouverneur nicht noch rücksichtsloser vorgegangen wäre. Der Gouverneur war vor Jahren ein kleiner Beamter der Regierung und zufolge seiner großen Fähigkeiten brachte er es zum Chef der gesamten Polizeitruppen. Dies ist in Formosa eine sehr bedeutende Stellung, weil das Land in Wirklichkeit noch nicht völlig pazifiziert ist. In einem solchen Lande fallen der Polizei bedeutende Aufgaben zu, und der Chef der Polizei in einem solchen halbwilden Lande ist ein Mann von enormem Einfluß. Nur so ist es erklärlich, daß der frühere Chef der Polizei, der als Gouverneur noch höhere Gewalt besitzt, es wagen konnte, durch Aufstellung eines Ringes von Polizisten um die Besitzungen des Chinesen unter Vorwänden dem Chinesen den Zutritt zu denselben zu verwehren und den Chinesen außerdem zu schikanieren, damit sich derselbe bereit erklären sollte, gegen die Summe von 400 000 M auf seinen Besitz zu verzichten und die Fabrik den vom Gouverneur bestimmten Mittelsmännern zu überlassen. Der Chinese wandte sich nun an die Zentralregierung in Japan, und es wurde eine Schar von japanischen Polizisten nach Formosa gesandt, um den Klagen des Chinesen auf den Grund zu kommen. Durch Bestechungen in der Höhe von ca. 80 000 M veranlaßte der allmächtige Gouverneur die Detektivs zu einem Bericht in seinem Sinne. Daraufhin, man kann wohl sagen, flüchtete der Chinese nach Tokio und machte den jetzt schwebenden Prozeß gegen den Gouverneur anhängig.

Mit meinen Erzählungen über die Schattenseiten des asiatischen Geschäftes wollte ich bewirken, daß die, die aus den ersten Kapiteln meiner Abhandlung und meinen Aufforderungen, sich dem Exportgeschäfte nach japanischen Plätzen zu widmen, eine vielleicht zu optimistische Meinung dafür gewonnen haben sollten, eine Korrektur ihrer Ansichten auf das richtige Maß erfahren. Es bleibt mir nunmehr noch übrig zu sagen, wie sich unter den geschilderten günstigen und ungünstigen Momenten die Zukunft des fremden Kaufmanns und, was uns besonders interessiert, die Zukunft des fremden Ingenieurs in Japan gestalten dürfte.

Die Zukunft des Ingenieurs in Japan.

Die Entwicklung Japans zu einem modernen Industriestaate mit einem bedeutenden natürlichem Absatzgebiete im gesamten Asien läßt sich nicht aufhalten, und der Bedarf Japans an Maschinen wird jährlich auf Jahrzehnte hinaus ein großer bleiben. Der fremde Ingenieur ist der japanischen Industrie willkommen, und ich möchte sagen, daß eine große Zahl von europäischen Spezialingenieuren heutzutage noch in Japan recht einträgliche Beschäftigung finden kann. Ganz gleichgültig, ob ein Ingenieur die modernsten Errungenschaften der Druckereimaschinenbranche kennt, oder ob er ein Spezialingenieur im Wasserturbinenbau ist, er wird, sobald er sich mit den japanischen Verhältnissen vertraut gemacht hat, in Japan Geschäfte machen können. Daß die Japaner jährlich ganze Scharen von Ingenieuren nach Europa und Amerika schicken, um Spezialstudien zu machen, ist ja nur ein Beweis dafür, daß die Zahl der fremden Spezialisten, welche nach Japan kommen, heute vollständig ungenügend ist.

Etwas ungünstiger sind die Aussichten für Ingenieure, die in Japan das allgemeine technische Geschäft machen wollen, und eigentlich als ein Mittelding von Kaufmann und Ingenieur auftreten. In dem Berufe des allgemein technischen Händlers gibt es heute bereits eine derartige Konkurrenz in Japan, daß es sehr schwierig ist, ein technisches Geschäft neu anzufangen.

Die Zukunft der Kaufleute in Japan.

Den fremden Kaufleuten in Japan steht dagegen teilweise eine ziemlich trübe Zukunft bevor. Die Japaner haben es längst gelernt, selbst Waren zu importieren und zu exportieren, soweit es sich um die großen Marktartikel handelt. Die japanischen Geschäftshäuser arbeiten mit weitaus geringeren Geschäftsunkosten, und da sie ihren Markt immer besser kennen als der fremde Kaufmann und deshalb einem geringeren Risiko auf japanischer Seite ausgesetzt sind, können von ihnen die fremden Häuser unterboten werden. So mancher Geschäftszweig, der noch vor 10 Jahren für den fremden Kaufmann glänzende Einnahmen abwarf, ist für ihn wegen der japanischen Konkurrenz heutzutage interesselos geworden.

Trotzdem wird der fremde Kaufmann für alle Spezialzweige des Handels, die eine äußerst genaue Kenntnis des europäischen Marktes und gute Beziehungen zu demselben erfordern, für sehr lange Jahre Berechtigung und Erfolg in Japan haben. Denn ebenso wie sich der fremde Kaufmann niemals im japanischen Markte so informieren kann wie der Japaner selbst, so kann sich der Japaner bei uns nicht die Stellung unserer Exporteure verschaffen. So lange auch die Handelssitten der Japaner sich mit unseren nicht decken werden, bleibt dem fremden Kaufmann in Japan auch die Stellung des notwendigen Vermittlers und Treuhänders der europäischen Industrie.

Die Konkurrenz der fremden und japanischen Kaufleute.

Für jeden einzelnen Handelszweig gibt es heute einen Konkurrenzkampf zwischen fremden und japanischen Importeuren. Die Mittel, die der Fremde für sich hat, sind vor allem das größere Kapital und der direkte Verkauf an die kleinen Händler, wenn die großen angefangen haben, direkt zu importieren. Darin werden die Fremden jedoch von den Japanern mit der Zeit erreicht werden. Es bleibt dagegen den fremden Importeuren ein anderes Mittel, um ihren Geschäftsumsatz auf alter Höhe zu erhalten, und das ist die Aufnahme und Forcierung des Maschinengeschäftes.

Das Maschinengeschäft der zukunftsreichste Zweig des Imports nach Japan.

Dieses Geschäft wird zufolge seiner Schwierigkeit noch lange Jahre hinaus zum großen Teil von Fremden gemacht werden müssen und dabei immer lohnend bleiben, weil es dank seiner Vielseitigkeit und der fortwährenden Entwicklung neuer Maschinentypen unmöglich ist, die Preise für Maschinen systematisch herabzudrücken.

Hier sehe ich nun die große günstige Gelegenheit für die deutschen Maschinenfabriken.

Die heute besonders günstige Gelegenheit für Maschinenfabriken den Übersee-Export zu beginnen.

Als vor nicht zu langer Zeit die Exporteure an den großen Marktartikeln viel Geld an dem japanischen Geschäfte verdienten, wurden die Maschinen-Bestellungen nur ungern genommen. Mit einer Maschinenlieferung von 10 000 M hatte der Exporteur, speziell wenn er keinen Ingenieur beschäftigte, mehr Umstände und Anstände als mit einer Warenlieferung von 100 000 M. Dabei war der Gewinn an Maschinen relativ nicht viel größer als an gewöhnlichen Waren. Der Maschinenfabrikant hatte aus solchen Gründen wenig Aussicht, daß seine Maschinen, wenn sie noch gut waren, von dem Exporteur, der ohnehin alle Hände voll zu tun hatte, propagiert wurden. Heute hat sich das Blatt gewendet: die guten alten Zeiten sind im Schwinden begriffen, und der Exporteur stellt seine teuer und durch Jahrzehnte erworbenen Erfahrungen in den Dienst des Maschinenfabrikanten, und ich kann denselben nur raten, zuzugreifen.

Meine Erläuterungen, welche den Maschinenfabriken, die im Exportgeschäfte neu sind, vor allem zeigen sollten, wie das Exportgeschäft anzufangen ist, sind mit der Nebenabsicht geschrieben, das Verhältnis zwischen Fabrikanten und Exporteur klar zu stellen und zu zeigen, wie diese beiden Berufe aufeinander angewiesen sind und sich gegenseitig fördern können. Das Gebiet des Maschinenbaues ist so unfaßbar groß, daß sich die von mir aufgestellten Regeln nicht gleichzeitig auf eine Walzenzugsmaschine und eine Nähmaschine verwenden lassen; ich muß es den Beteiligten überlassen, meine Ausführungen für ihren Spezialzweig durch weitere eigene Informationen zu ergänzen.